DES ASSOCIATIONS

RURALES

POUR LA FABRICATION DU LAIT.

A GENÈVE,
de l'Imprimerie de J. J. PASCHOUD.

DES ASSOCIATIONS

RURALES

POUR LA FABRICATION DU LAIT,

CONNUES EN SUISSE

SOUS LE NOM

DE FRUITIÈRES,

par CHARLES LULLIN de Genève.

A PARIS,

chez J. J. PASCHOUD, libraire, rue des Petits-
Augustins, N.º 3,

et

A GENÈVE, chez le même libraire.

1811.

INTRODUCTION.

Les habitans des parties montueuses de la Suisse ont imaginé et rapidement perfectionné des associations qui rendent de grands services à l'économie rurale et qui sont connues sous le nom de *fruitières*. De semblables associations ont été établies dans les villages de la plaine, puis introduites dans quelques cantons du territoire Français voisins de la Suisse, et elles s'y sont promptement multipliées. Partout elles ont été organisées et dirigées par les cultivateurs les plus éclairés. La durée des plus anciennes, l'augmentation rapide de leur nombre, la facilité avec laquelle elles surmontent les obstacles

que leur opposent la routine et les préjugés des habitans de la campagne ;
enfin, leurs résultats connus, ne permettent plus de conserver aucun doute
sur leur utilité.

J'ai vu plusieurs de ces associations
se former dans mon arrondissement où
elles étoient inconnues il y a dix ans.
Je suis membre de celle de mon village,
qui procure tous les avantages qu'on
en attendoit, et j'ai cru rendre service
aux agriculteurs de toutes les classes,
en les faisant connoître dans leur but,
dans leur organisation et dans leurs
moyens.

J'ai joint à cette notice une description fort détaillée des procédés suisses
dans la fabrication du lait ; procédés
dont l'usage est étroitement lié au succès
de ces établissemens : Ce dernier travail

m'a été facile, parce que j'avois à ma portée un berger des environs du pays de Gruyère, homme très-éclairé, qui m'a laissé observer ses opérations et me les a expliquées avec une complaisance rare chez les montagnards suisses, jaloux de cet art national.

Dans le cours de cet écrit, j'ai employé comme consacrées plusieurs expressions qui ne sont pas françaises. Ces établissemens et l'industrie qui en est la base inconnus en France dans leur ensemble, ont un assortiment de termes techniques qu'on est absolument obligé d'adopter pour les décrire.

DES ASSOCIATIONS RURALES

POUR LA FABRICATION DU LAIT, CONNUES EN SUISSE SOUS LE NOM DE FRUITIÈRES.

PREMIÈRE PARTIE.

CHAPITRE I.er

Des fruitières en général.

LES fruitières sont des sociétés de cultivateurs, qui s'associent pour réunir tous les jours, dans une laiterie commune le lait produit par leurs différens troupeaux, et faire fabriquer ce lait tout à la fois par un homme de l'art aux gages de la société.

Chaque associé apporte soir et matin son lait à la laiterie commune ; on le mesure, on tient un compte exact de chaque livraison ; chaque jour le produit de la fabrication du lait apporté par tous les associés est dévolu à celui d'entr'eux qui y a le plus de droit par la somme de ses livraisons antérieures.

Au moyen de la fruitière, chaque associé échange le lait qui se produit chez lui pendant une longue suite de jours et qu'il auroit fait fabriquer en détail dans sa cuisine contre une quantité égale de lait produit le même jour, qu'il fait fabriquer tout à la fois, dans un emplacement consacré à cet usage, par un homme qui a pour cette fabriquation toutes les connoissances et les moyens d'exécution qu'on peut désirer.

Dans les environs des villes, les cultivateurs vendent le lait à leurs habitans à un prix élevé. Ils joignent à ce commerce celui des menues denrées qui le bonifie et dans un arrondissement autour des villes dont le rayon varie suivant leur importance, l'établissement des fruitières seroit peu avantageux.

Au-delà de cet arrondissement chaque cultivateur fabrique son lait, pour en extraire les produits qu'il consomme ou qu'il envoye au marché. Pour ne pas opérer trop souvent sur de très-petites quantités, il accumule le lait de plusieurs jours.

La conservation du lait exige des soins délicats et un local consacré à cet usage. Malgré ces moyens elle n'est pas assurée pendant les chaleurs de l'été, et dans cette partie de l'année le cultivateur est obligé d'allumer son feu tous les jours pour ne faire que de très-petits fromages. Dans cette même saison le propriétaire d'une seule vache qui a trop peu de lait pour faire du beurre et du fromage tous les jours, est obligé de consommer à mesure le produit de sa vache et ne peut pas dans le tems de sa forte rente faire des provisions pour la saison où elle n'a plus de lait.

Le lait fabriqué selon les procédés des Suisses se résout en trois produits, le *beurre*, le *fromage*, et le *serai*.

Le résidu de cette fabrication est un petit lait très-clair, qui ne renferme plus de parties caséeuses et qu'on employe avec succès à la nourriture et à l'engrais des cochons. Ce résidu s'appelle *la cuite*.

Le beurre est d'autant meilleur que la crême avec laquelle on le fait est plus fraîche.

Le fromage n'est jamais bon si il entre dans sa composition une quantité quelconque de lait altéré.

Le fromage a peu de valeur lorsqu'il est fabriqué en petites masses, parce qu'alors il se dessèche très-vite et se corrompt aisément.

Il devient beaucoup meilleur lorsqu'il est conservé dans un lieu adapté à cet usage et soigné dans ce lieu avec intelligence.

Lorsqu'on travaille sur de petites quantités de lait, on obtient difficilement le troisième produit, connu sous le nom de *serai*, qui pour la nourriture des gens de la campagne vaut presque le tiers du produit en fromage.

Enfin, dans les troupeaux isolés, la fabrication du lait et l'assaisonnement de ses produits sont ordinairement confiés à la personne qui soigne les vaches, et ne sont pas son unique et principale occupation. Le fumier qui s'attache aux souliers des bergers, l'odeur qui se fixe à leurs habits, leur rendent plus difficile qu'à d'autres la propreté nécessaire aux travaux de la laiterie.

Dans les fruitières, on réunit une quantité de lait assez considérable pour fabriquer tous les jours, et l'on y est dispensé des soins minutieux qu'exige la conservation du lait et de la crême.

Comme on y opère sur de grandes masses de lait, on y emploie les procédés très-perfectionnés des grandes vacheries de la Suisse, qui sont inapplicables à des petites quantités, parce que leur perfection tient à un ensemble de soins qui demandent un tems considérable. Par ces procédés on obtient des fromages d'une excellente qualité, d'une consistance solide, qui, susceptibles d'être transportés au loin, sont recherchés dans les marchés de l'Europe, et surtout dans les ports de mer où ils sont pour les vaisseaux, à la fois denrée d'approvisionnement et marchandise de cargaison.

Dans les fruitières la fabrication du lait est confiée à des hommes qui en font leur vocation, leur occupation unique, qui travaillant en grand et consacrant tout leur tems à cette fabrication, à l'assaisonnement et à la conservation de ses produits, acquièrent pour

les procédés de leur art , un tact pratique et un discernement qu'on ne peut
attendre que d'eux.

CHAPITRE II.

De la tenue du compte journalier de la fruitière.

Après avoir successivement employé différentes manières de tenir les comptes de cet échange journalier qui s'opère par le moyen de la fruitière, on s'est arrêté à celle-ci qui les surpasse toutes en commodité et en simplicité.

Le fruitier ouvre un compte à chaque associé.

Au jour désigné pour l'ouverture, chaque associé apporte soir et matin son lait.

Le fruitier le mesure et le porte au compte de chacun. A la fin du mesurage de la seconde traite, il additionne les deux livraisons de chaque associé. Celui qui en a livré le plus a le produit de la fabrication de ces deux traites. On

celel
fervaz;
ò efit
emper
ciato
diffima
ngelaz;
metri
d effe
metro
eddo
io per
agitata
tta fi
nmerfc
one (a
di F;
' anno
ttera in

x obfer
anf. Au;

additionne toutes les livraisons; on soustrait de cette somme le lait fourni par celui qui a eu le produit, et il doit le reste à la société.

Chaque jour le lait que cet individu apporte est reçu en déduction de sa dette. Lorsqu'il a payé toute sa dette il devient créancier de la société. Sa créance s'augmente tous les jours de chacune de ses livraisons. Le jour où sa créance est plus forte qu'aucune de celles des différens associés, il a de nouveau le produit de la fruitière. On déduit sa créance contre la société, de la quantité de lait qu'elle fabrique pour lui et il redevient son débiteur pour le reste.

Le second jour le produit de la fruitière est dévolu à celui qui a apporté le plus de lait dans les deux premiers jours et ainsi de suite.

Chaque associé est alternativement débiteur et créancier de la société, passant de la condition de créancier à celle de débiteur plus ou moins souvent selon qu'il verse et paie sa dette plus ou moins vîte, c'est-à-dire, recevant le produit de la fruitière d'autant plus souvent qu'il y apporte plus de lait.

La société chemine, payant chaque jour son plus gros créancier.

A la clôture de chaque tour, c'est-à-dire, à la fin du mesurage de la dernière traite qui le compose, on compare les créances contre la société, et l'on proclame qu'elle est celle qui étant la plus forte donne droit au tour suivant.

Dans beaucoup de pays la plupart des cultivateurs ne connoissent pas les chiffres, cette ignorance les rendroit inquiets et défians sur la tenue de leur compte par le fruitier.

Pour remédier à cet inconvénient on a imaginé une manière de tenir la note des livraisons de lait, qui ne suppose aucune connoissance des chiffres et qui est à la portée des intelligences rustiques les moins développées.

On prend un bâton carré long d'un pied et demi, avec la scie on le fend en deux dans les trois quarts de sa longueur, et on le sépare en deux bâtons inégaux dont l'un est double de l'autre dans le quart de sa longueur, sur le talon on trace avec un couteau le chiffre de celui auquel le bâton appartient.

Quand le fruitier a mesuré le lait, il réunit ces deux bâtons, en rapprochant les surfaces séparées, et sur leur face commune il trace avec de la craie rouge des X, pour indiquer les dixaines de litres, et des barres pour indiquer les unités. Le croisement des jambes de l'X se trouve sur la fente et en séparant les bâtons, les dixaines se trouvent marquées sur chacun d'eux par des ⊳ et les unités par des barres.

Quand un associé est en avance avec la société, il emporte chez lui le gros bâton, quand il doit à la société il emporte le petit.

Les bâtons restans à la fruitière sont

enfermés sous clef, de sorte qu'il seroit impossible à un associé, d'effacer des marques ou d'en tracer pour diminuer sa dette ou augmenter sa créance, parce que le bâton resté à la fruitière sert de contrôle à celui qui va et vient.

Le fruitier marque sur un grand bâton toutes les livraisons de lait pour en faire l'addition à chaque tour et régler d'après cela le compte de l'associé qui en a le produit. Il soustrait la créance de cet associé, de la quantité de lait que la fruitière a fabriqué pour lui ; il charge son bâton de cette dette et chaque jour il en efface la quantité de pintes livrées par lui à la fruitière.

Compte journalier d'une Fruitière.

Nom	1.er JOUR 1.re traite	2.e traite	somme	Doit.	avoir.	2.e JOUR 1.re traite	2.e traite	somme	Doit.	avoir.	3.e JOUR 1.re traite	2.e traite	somme	Doit.	avoir.	4.e JOUR 1.re traite	2.e traite	somme	Doit.	avoir.	5.e JOUR 1.re traite	2.e traite	somme	Doit.	avoir.
Joseph.	4	5	9		9	8	10	18		27	9	9	18		45	8	9	17		60	8	9	17		79
Jacob.	7	8	15		15	7	8	15		30	7	8	15		45	8	8	16		61	7	6	13		74
Etienne.	3	4	7		7	2	3	5		12	3	3	6		18	3	3	6		24	3	3	6		30
François.	2	2	4		4	2	2	4		8	2	2	4		12	2	2	4		16	2	2	4		20
Pierre.	8	9	17		17	7	8	15		32	8	9	17		49	8	9	17	121		8	8	16	106	
Ami.	1	1	2		2	1	1	2		4	1	1	2		6	1	1	2		8	1	1	2		10
Jaques.	9	10	19		19	8	11	19		38	10	11	21	129		12	11	23	106		13	12	25	81	
André.	14	16	30		30	13	15	28	122		14	15	29	93		13	14	27	66		14	14	28	38	
Moise.	3	4	7		7	4	5	9		16	4	5	9		25	4	5	9		34	4	5	9		43
Robert.	30	35	65	110		29	36	65	45		30	37	67		22	30	36	66		88	30	36	66	32	
Tour dévolu à	Robert 172 litres					à André 180					à Jaques 188					à Pierre 187					à Robert 186				
A déduire.	Avoir 63					Avoir 58					Avoir 59					Avoir 66					Avoir 154				
	Reste 110					Reste 122					Reste 129					Reste 121					Reste 32				

Nom	6.e JOUR 1.re traite	2.e traite	somme	Doit.	avoir.	7.e JOUR 1.re traite	2.e traite	somme	Doit.	avoir.	8.e JOUR 1.re traite	2.e traite	somme	Doit.	avoir.	9.e JOUR 1.re traite	2.e traite	somme	Doit.	avoir.	10.e JOUR 1.re traite	2.e traite	somme	Doit.	avoir.
Joseph.	8	8	16	90		8	7	15	75		8	8	16	59		8	7	15	44		8	8	16	28	
Jacob.	7	6	13		87	7	7	14	95		6	7	13	82		6	7	13	69		6	7	13	56	
Etienne.	4	3	7		37	8	7	15		52	8	8	16		68	8	8	16	117		8	8	16	101	
François.	2	2	4		24	2	2	4		28	2	2	4		32	2	2	4		36	2	2	4		40
Pierre.	8	8	16	89		8	9	17	72		8	9	17	55		9	9	18	37		9	9	18	19	
Ami.	1	1	2		12	1	1	2		14	1	1	2		16	1	1	2		18	1	1	2		20
Jaques.	14	12	26	55		13	12	25	30		14	12	26	4		14	13	27		23	14	13	27		50
André.	13	13	26	12		13	13	26		14	13	14	27		41	13	13	26		67	13	13	26		93
Moise.	4	4	8		51	5	4	9		60	5	4	9		69	5	4	9		78	5	4	9	115	
Robert.	30	37	67		35	32	37	69		104	33	38	71	26		34	37	71		45	34	37	71		116
Tour dévolu à	à Joseph 185					à Jacob 196					à Robert 201					à Etienne 201					à Moise 202				
A déduire.	Avoir 95					Avoir 101					Avoir 175					Avoir 84					Avoir 87				
	Reste 90					Reste 95					Reste 26					Reste 117					Reste 115				

CHAPITRE III.

De l'acte d'association.

Dans l'origine des fruitières les rapports des cultivateurs se bornoient à des prêts de lait réciproques qui leur fournissoient le moyen de faire des fromages plus gros en en faisant plus rarement.

Peu-à-peu ce commerce de prêts s'étendit à un voisinage plus éloigné et on imagina de consacrer à la fabrication du lait un seul emplacement fourni de tout l'attirail nécessaire.

Lorsque les fruitières eurent été ainsi perfectionnées, les rapports des intéressés entr'eux se multiplièrent tellement qu'il fut nécessaire de les déterminer par des réglemens. Dès-lors ces établissemens prirent la forme d'associations fondées sur des actes écrits, par lesquels les associés s'imposoient des lois et des devoirs réciproques, sous des peines pour ceux qui les enfreindroient.

Les actes d'association sont faits sous seing privé lorsque tous les associés savent écrire. Dans le cas contraire on les passe devant notaire.

Le modèle d'un de ces actes que je joins ici suffira pour faire pleinement comprendre la nature de ces établis-semens.

MODÈLE

D'un acte d'association.

L'AN etc... Par devant les témoins soussignés : les soussignés sont convenus de ce qui suit.

1.° Les nommés, etc. . . . . se réunissent en société pour établir une fruitière et y faire fabriquer le lait produit par leurs vaches.

2.° Les intérêts de la société seront gérés par une commission de quatre membres et un président élus par les associés.

Les associés nommeront deux suppléans pour remplacer les commissaires qui seroient absens ou malades au moment d'une affaire importante.

3.° La commission recevra les comptes des frais d'établissement et les répartira sur chaque tête de vache de l'association.

4.° La commission fera une convention avec le fruitier.

5.° Elle surveillera l'exécution des clauses de la présente association.

6.° Elle prononcera sur les violations du réglement et infligera les peines de ces violations.

7.° La commission prononcera entre les co-intéressés, sur toute discussion relative à leurs intérêts dans la fruitière.

8.° Les prononcés de la commission seront sans appel. Les associés renoncent par le présent acte à toute plainte et recours aux tribunaux, reconnoissent et acceptent la commission pour arbitre sans appel dans toute discussion relative à leurs intérêts dans la présente association.

9.° Les associés acceptent dans toute sa teneur le réglement suivant.

RÈGLEMENT.

1.º

Chaque associé apportera tous les jours, soir et matin, son lait à la fruitière à l'heure qu'indiquera le fruitier.

2.º

Le lait sera apporté dans des vases soigneusement lavés et avant d'être coulé.

3.º

Nul ne pourra apporter à la fruitière le lait d'une vache fraîche vélée avant douze jours après la naissance du veau.

4.º

Nul ne pourra apporter à la fruitière du lait mélangé de lait de chèvre ou de brebis.

5.º

Chaque associé pourra garder le lait

nécessaire à son ménage, mais ne pourra
fabriquer chez lui ni beurre ni fromage.

6.°

Chaque associé apportera à la fruitière son lait pur, sans addition d'eau
ni soustraction de crême.

Le fruitier pourra éprouver chaque
jour le lait de chaque associé. Si il
soupçonne quelque fraude il en avertira
le président et les commissaires qui
feront faire sous leurs yeux une ou
plusieurs épreuves du lait soupçonné,
dresseront procès verbal de ces épreuves,
puis à l'heure de la traite se transpor-
teront, au nombre de deux au moins,
chez l'individu soupçonné et feront
traire ses vaches sous leurs yeux pour
comparer le lait de cette traite à celui
qui a fait naître le soupçon. Si par suite
des différentes épreuves des deux laits,
les commissaires aquièrent la conviction
que le premier a été falsifié, ils décla-
reront le coupable chassé de la société,

et prononceront confiscation au profit de la soaiété, 1.° de tout le lait qu'elle pourroit lui devoir ; 2.° de tous les produits en beurre, fromage et serai qu'il pourroit avoir dans le magasin.

7.°

En recevant le lait le fruitier le mesurera et marquera au compte de chaque associé la quantité de pintes qu'il aura apportées.

Le produit total de la fruitière appartiendra successivement chaque jour à celui des associés auquel la fruitière en devra le plus.

En cas d'égalité, le produit appartiendra à celui qui sera arrivé le premier à la fruitière pour apporter son lait.

Si la quantité du lait apporté par tous les associés dépasse celle du lait dû par la société à celui de ses membres qui a le produit du jour, la différence lui sera retenue sur les livraisons suivantes.

Si au contraire la fruitière a moins de lait qu'elle n'en doit à celui qui a son produit du jour, la différence lui sera bonifiée et cette différence à son profit sera placée à la tête de son nouveau compte.

8.°

Nul ne pourra apporter à la fruitière du lait produit par d'autres vaches que les siennes. Nul ne pourra emprunter du lait d'un autre associé. Si l'on s'apperçoit que quelqu'un des associés viole le présent article du réglement, il sera dénoncé à la commission qui prendra connoissance du fait. Si la contravention est prouvée la commission déclarera le contrevenant chassé de la société et prononcera comme en l'article 6., confiscation de tout ce qu'il auroit à réclamer de la société en lait, beurre, fromage et serai.

9.°

Pour prononcer l'expulsion d'un membre et la confiscation de ce que lui doit la société, la commission devra être composée de ses cinq membres ou des suppléans pour les absents.

10.e

Les associés s'engagent à tenir envers le fruitier la convention que la commission aura faite avec lui.

Ils renoncent par le présent acte à toute plainte et recours aux tribunaux, reconnoissent et acceptent la commission pour arbitre sans appel, dans toute discussion qui pourroit s'élever entr'eux et le fruitier, sur leurs intérêts relatifs à la fruitière.

11.e

Les fromages après leur salaison, seront délivrés aux propriétaires par le fruitier sur la présentation d'un ordre écrit du président.

Chaque associé sera obligé de laisser dans le magasin au moins un fromage entièrement payé, qui servira de sûreté pour l'accomplissement de ses enga-

gemens et devoirs envers la société.
sinon, il devra fournir gage ou caution
suffisante pour la dite sûreté.

12.°

Nul ne pourra en aucun tems refuser
aux commissaires l'entrée de son écurie.

13.°

Tous les six mois la commission fera
une revue des vaches des associés.

14.°

Indication du président et des commissaires.

CHAPITRE IV.

Du Fruitier.

LE meilleur accord à faire avec le fruitier est de lui promettre un gage en le chargeant de payer certains objets dont des soins intéressés peuvent diminuer la consommation, sans nuire au succès du travail. Ces objets sont les toiles, les torchons, les tabliers, la lumière.

La société achète le sel dont le coût entre dans les frais qu'elle recouvre en imposant les produits de la fabrication à leur sortie de la fruitière.

L'associé qui a le tour assiste au mesurage, fournit le bois et un essuie-main. Il nourrit le fruitier et l'aide à battre le beurre et faire le fromage.

Quelques fruitiers demandent d'être

payés à tant la livre des produits qui sortent de leur atelier. Cette méthode n'est pas la meilleure. Si un fruitier payé ainsi n'est pas un homme délicat, il vise à produire beaucoup de poids, pour cela, il chauffe peu le fromage, le presse mal et lave mal le beurre.

Les fruitiers les plus habiles, employés par les associations les plus considérables obtiennent des gages de trois cents francs.

CHAPITRE V.

De la composition des Sociétés.

Les fruitières sont d'autant plus avantageuses que le nombre des associés est plus considérable, parce que les frais d'établissement ne peuvent pas être réduits dans la proportion d'un très-petit nombre d'associés, et que les frais annuels sont les mêmes quelque soit ce nombre.

Quand les localités ne permettent pas de former une réunion de vaches assez nombreuse pour supporter les frais d'un établissement complet, celui des associés qui a la laiterie la plus vaste, établit la fruitière chez lui, il reçoit le lait de la société et le fait fabriquer avec le sien par son berger.

Les comptes sont tenus comme dans les fruitières publiques. Les associés se

lient par un acte qui contient un réglement et qui établit une commission.
La commission fait une convention avec
celui des associés qui prête territoire à
la société ; elle inspecte le travail de la
laiterie comme si elle étoit publique ,
et stipule avec le propriétaire du local
une rétribution journalière sur les produits , cette rétribution paye tous les
frais quelconques d'établissement et de
fabrication.

Cette manière d'organiser les petites
associations est très-usitée et fort éco-
nomique.

Les sociétés n'ont pas à supporter des
frais de construction ; l'associé qui leur
prête territoire reçoit un loyer de sa
laiterie qui ne servoit qu'à son propre
usage et tire un plus grand parti du
tems de son berger.

En établissant une fruitière on cherche à y réunir trois ou quatre cents litres
de lait par jour dans la bonne saison.
Quand on dépasse beaucoup cette quan-

lité, on est obligé de faire deux fromages par jour pendant l'été.

Il ne faudroit pas établir avec un seul fruitier une fruitière où l'on seroit obligé de fromager deux fois par jour en été.

Un seul homme ne peut pas à l'ordinaire donner au travail du magasin tout le tems nécessaire quand il a à faire deux mesurages et deux cuites par jour.

Ce doublement du travail ne peut avoir lieu que pendant un tems très-court, c'est-à-dire, dans le moment des plus grands jours qui est aussi celui de la grande abondance du lait.

Le nombre des vaches des fruitières varie de 5o à 100. Ce nombre est déterminé par les localités, c'est-à-dire, par la distance des hameaux et la facilité des routes. Je connois plusieurs hameaux qui envoyent leur lait à des fruitières éloignées d'une demi-lieue.

Dans les pays de fourrages les cultivateurs pouvant nourrir leurs vaches abondamment pendant l'hiver visent à avoir du lait dans cette saison et font naître des veaux en automne. Dans ces pays le produit des troupeaux de vaches est assez égal et les fruitières fabriquent tous les jours une quantité de lait qui ne varie pas beaucoup d'une saison à l'autre.

Dans les cantons de champs où la culture du trèfle et des prairies artificielles n'est pas connue, les cultivateurs réduisent en hiver leurs vaches au simple entretien et font naître les veaux au commencement du printems, afin que la forte rente des vaches coincide avec le moment de la grande abondance des herbes ; dans ces pays la quantité de lait apportée aux fruitières est sujette a de très-grandes variations. Au printems et au commencement de l'été cette quantité est très-considérable, elle diminue dès le mois de Juillet. En automne pour ne pas faire de trop petites cuites les fruitières accumulent trois ou quatre traites pour chaque tour. En hiver elles en accumulent jusqu'à six. Quelque fois même alors elles suspendent complètement le travail pour le reprendre à l'époque des mises-bas.

CHAPITRE VI.

Produit des vaches par le moyen des Fruitières.

LE produit des vaches par le moyen des fruitières est en raison directe des soins qu'on a d'elles , de la qualité et de la quantité de fourrage qu'on leur donne.

Dans un troupeau des mieux soignés, qui ne fait pas d'élèves et ne se recrute que de bêtes achetées et par conséquent choisies, qui est abondamment nourri à l'écurie de fourrage de première qualité , chaque vache a rendu 2219 litres de lait dont 221 ont été consommés en nature , 1998 ont été envoyés à la fruitière et ont produit 135 kilog. de fromage , 38 kilog. de beurre et 88 kilog. de serai.

135 K. fromage à		98 c.	F.	132.	30.
38 K. beurre à	1.	96 —	»	74.	48.
88 K. serai à		21 —	»	18.	48.
221 litr. consom. à		11 —	»	24.	31.
un veau à 26. 75.	»			26.	75.

Francs 276. 32.

Tous les frais de fruitières étant
payés par une retenue de 18 c^{ts}.
par K. de fromage.

A déduire pour lesdits frais , . . . 23. 88.

Reste Francs 252. 44.

Ce produit moyen par chaque tête
de vache d'un troupeau est un des plus
élevés dont j'aie connoissance ; on ne
peut l'obtenir que dans les vacheries les
mieux soignées sous tous les rapports.

De la petite vache de paysan qui
souffre de faim pendant l'hiver et qui
l'été cherche sa subsistance le long des
haies ou sur des communaux , jusqu'à
la grosse vache qui ne quitte pas un
ratelier très-abondant, la rente moyenne
en argent varie en proportion directe
des soins entre le maximum de 250 fr.
et le minimum de 110 fr.

Dans toutes les positions, excepté dans le voisinage des villes on augmente la rente des vaches en substituant le régime des fruitières à celui des laiteries particulières. Cette augmentation m'a surtout frappé en observant les ménages de paysans qui ne vendoient ni lait ni laitage, et consommoient leur lait en nature ou le fabriquoient pour leur usage. Au bout d'un an ces ménages qui ont consommé des laitages d'une qualité très-supérieure ont un excédent considérable.

CHAPITRE VII.

Réflexions.

On conçoit aisément qu'il y a une grande création de valeur dans cet échange qui est fait successivement par tous les associés et dont le résultat est qu'il ne se produit pas dans le canton qui a établi la fruitière une seule pinte de lait qui ne participe aux avantages connus des manipulations en grand.

L'utilité des fruitières se rattache au grand principe de la division du travail.

En économie politique on reproche aux petites propriétés de ne produire que ce qui est nécessaire à l'entretien de ceux qui les cultivent et de ne créer aucun objet d'échange. Les fruitières atténuent ce mal, par leur moyen les plus petites propriétés fournissent à la consommation et à la circulation du commerce des produits semblables à ceux des plus grandes exploitations.

Si l'invention de ces établissemens et leur perfectionnement progressif ont été le résultat de la civilisation rurale très-avancée de la Suisse, ils peuvent devenir cause de cette même civilisation dans les lieux où ils s'introduisent.

Les fruitières sont des centres de communication. Elles lient les cultivateurs par une relation d'intérêt commun fondée sur une rectitude absolue de conduite. Elles les initient à quelques notions de calcul. Elles les acheminent à un commerce de services et de prêts réciproques. Elles les rendent spectateurs journaliers d'une manipulation dont la propreté est la base, elles leur en font sentir l'utilité et peuvent leur en inspirer le goût. Enfin, elles établissent entr'eux une grande émulation à faire croître le produit de leurs vaches. Cette augmentation suppose un redoublement de soins dans la tenue du bétail, et de travail pour fournir à sa nourriture. Elle est accompagnée d'une augmentation d'engrais, qui tourne au profit de la culture des grains et des prairies artificielles.

Partout où les fruitières sont établies depuis quelques années, on observe une grande amélioration dans la quantité et la grosseur des vaches, et en même-tems des progrès sensibles dans tous les genres de culture.

Les fruitières convertissant le produit des troupeaux de vaches en commes-tibles précieux d'un transport facile, stimulent la culture dans les lieux les plus reculés et les plus éloignés des villes.

En débarrassant les femmes des soins de la laiterie, elles leur laissent beau-coup plus de tems pour les travaux in-térieurs et extérieurs.

Un autre bienfait des fruitières, est de procurer une grande économie de combustible. Une quantité donnée de lait réunie dans un vase de cuivre très-mince, d'une forme bien calculée, placé sur un foyer bâti avec soin, demande pour être chauffée beaucoup moins de bois que si elle étoit séparée en plusieurs cuites qui se feroient à feu ouvert dans un vase de cuisine.

Quand les fruitières s'introduisent dans un pays, les premières établies procurent des gains considérables par la qualité supérieure des laitages qu'elles fabriquent. Peu-à-peu cette supériorité déprécie tellement les produits des petites manutentions qu'on est obligé d'y renoncer et les fruitières envahissent toutes les campagnes.

On ne trouve pas dans le canton de Vaud un seul village qui n'aie la sienne. On en établit dans les bourgs et même dans les petites villes. Dans peu d'années le département du Léman en sera au même point.

Les services que les fruitières rendent à l'agriculture pourront peut-être s'étendre aux arts.

On blanchit les toiles de lin avec du petit lait. Ce blanchissage qui est très-beau a été jusqu'ici très-dispendieux à cause de la difficulté de réunir de grandes quantités de ce liquide , et a toujours été réservé pour les toiles les plus précieuses ; il sera facile d'en étendre l'usage.

En établissant des blanchisseries à portée de plusieurs fruitières , on pourra y réunir des masses de petit-lait suffisantes pour y opérer ce blanchissage en grand.

SECONDE PARTIE.

CHAPITRE I.er

Du bâtiment de la Fruitière.

LE bâtiment de la fruitière doit être situé au centre du village ou du canton qui l'établit, et à portée d'une source d'eau-vive. Les écoles et les presbytères sont ordinairement placés d'après des convenances analogues et leur voisinage doit être préféré.

L'emplacement nécessaire au travail d'une fruitière consiste en trois pièces, le laitier, la cuisine et le magasin.

Le fruitier loge dans une chambre contiguë ou au besoin dans la cuisine.

Dans les pays où les fruitières sont inconnues, où elles ont à combattre les préjugés et les habitudes, les sociétés n'osent pas débuter en faisant des éta-

blissemens coûteux et elles commen-
cent le travail dans des bâtimens loués.

J'ai vu établir une fruitière de 70
vaches dans un emplacement loué dont
la cuisine a mèt. 5, 8. (18 pieds) de
longueur sur mèt. 3, 8. (12 pieds)
de largeur, et mèt. 2, 5. (8 pieds) de
hauteur.

Le laitier a mèt. 2, 8. (9 pieds) larg.
sur mèt. 3, 8. (12 pieds) de longueur
et mèt. 2. (6 pieds $\frac{1}{2}$) de hauteur.

Le magasin a mèt. 3, 1. (10 pieds)
de largeur sur mèt. 4, 7. (15 pieds) de
longueur et mèt. 2, 5. (8 pieds $\frac{1}{2}$ de
hauteur.

Cette place suffit parfaitement, et, en
agrandissant le magasin sans agrandir
la cuisine ni le laitier, elle pourroit
suffire à un nombre de vaches double.

On peut établir la cuisine dans une
pièce située à un premier étage, cette
distribution n'est pas commode et on
ne l'adopteroit pas dans une fruitière
neuve ; mais ses inconvéniens ne sont

pas assez grands pour dégoûter d'un appartement où elle seroit forcée, quand d'ailleurs cet appartement suffiroit.

Lorsque les avantages des fuitières sont démontrés par l'expérience de plusieurs années et que leur durée future est garantie par l'opinion générale prononcée en leur faveur et par des habitudes en rapport avec elles déjà enracinés chez les cultivateurs, on construit les bâtimens nécessaires.

Dans quelques villages la commune ou des particuliers élèvent ces bâtimens à leurs frais pour les louer aux sociétés; mais le plus souvent ce sont les sociétés elles-mêmes qui les établissent.

Quelque fois les sociétés paient les frais de ces constructions par un droit d'entrée sur chaque tête de vache; mais ordinairement elles font un emprunt dont elles paient l'intérêt par le moyen d'une retenue sur les produits de la fabrication. A cette retenue pour payer les intérêts, elles en joignent une pour

rembourser le capital, calculée de manière à produire chaque année une ali-
quote de ce capital, proportionnée au
nombre d'années dont on a besoin pour
le remboursement.

Les dimensions que j'ai indiquées
pour une fruitière de 70 vaches sont
un minimum et il ne faudroit pas les
adopter pour un bâtiment neuf. Quand
on bâtit, on suppose la plus grande
extension possible de la société, et on
adopte les dimensions qui seroient nécessaires dans ce cas.

La plus grande fruitière que je con-
noisse est un bâtiment carré qui a mètres
11, 3 (35 pieds) de côté ; sa hauteur
jusqu'au toit est de mètres 6 , 4,
(20 pieds).

Le laitier a mètres 4 , 2. (13 pieds)
sur mètres 3 , 3. (10 $\frac{1}{4}$ pieds).

La cuisine a mètres 6 , 6. (20 pieds $\frac{1}{2}$)
sur mèt. 4 , 8 (15 pieds).

Le magasin a mètres 10, (31 pieds),
sur mètres 4 , 2 , (13 pieds).

La hauteur de ces trois pièces est de mètres 3 (9 pieds $\frac{1}{2}$).

On auroit pu ne construire qu'un rez-de-chaussée, mais le prêteur exigea que le bâtiment fut susceptible de devenir une habitation logeable, en conséquence on éleva un étage; cette addition a augmenté la dépense du tiers.

Cette construction a coûté 6489 fr.

La société qui l'a élevée est composée de petits et de grands propriétaires qui réunissent le lait de 100 vaches. Elle est située dans un canton éloigné des forêts où le bois et les autres matériaux de construction sont chers. Le seul article des charrois a coûté 716 f.

Je crois que les dimensions de ce bâtiment et la somme qu'il a coûté sont le terme extrême de la place et de la dépense consacrées à une fruitière.

Entre ce maximum et le minimum que j'ai indiqué plus haut il y a bien des termes moyens que les sociétés peuvent choisir suivant le nombre et la fortune de leurs membres.

L'achat du mobilier de cette fruitière a coûté comme suit :

Une chaudière de 450 litres,	Fr. 288
Vingt et un baquets,	48
Une beurrière tournante,	24
Une cuve,	6
Une romaine,	72
Cercles, écumoires, cuillères, toiles et menus utensiles,	40
	Fr. 478

Les commissions directrices ne doivent pas perdre de vue que l'économie est souverainement nécessaire dans la gestion de ces sociétés et que celles qui joignent aux épines des débuts les embarras qu'entraînent les dépenses inutiles ont beaucoup de peine à réussir.

Les commissions doivent surtout se tenir en garde contre les rivalités passionnées entre les sociétés voisines. Ces rivalités les entraînent souvent à des assauts de luxe dans leurs bâtimens qui ont les conséquences les plus fâcheuses pour tous les associés, mais surtout pour les moins fortunés.

CHAPITRE II.

Le laitier.

LE laitier doit être placé au nord et percé, à cette exposition, de plusieurs jours étroits. Si il se détache entièrement d'un bâtiment, on pratique dans ses faces au levant et au couchant des soupiraux inclinés de haut en bas de l'intérieur à l'extérieur. Cette inclinaison empêche les rayons du soleil de pénétrer. La porte doit s'ouvrir sur l'extérieur. Le laitier doit être plafonné; son pavé en briques ou en dalles de pierre, doit être en pente douce vers l'un de ses côtés; et dans le bas, le mur doit être percé pour l'écoulement de l'eau des lavages. Ce pavé doit être bâti avec de la chaux maigre, et ses joints soigneusement garnis de mortier, parce qu'il se fait sous les briques ou les pierres, des vides dans lesquels l'eau pénètre, séjourne, et se corrompt en répendant une odeur pernicieuse au lait. Si le laitier est contigu à la cuisine ou au magasin, on l'en sépare par un mur épais ; une simple paroi ou un mur mince ne suffiroit pas pour le mettre à l'abri de l'odeur du magasin et de la chaleur de la cuisine.

Il ne faut pas placer le laitier en face et près d'un mur ou d'un bâtiment qui intercepteroit l'air du nord et réfléchiroit les rayons du soleil. Il ne faut pas non plus le placer en front de rue sur une route très-passagère ; l'ébranlement des murs causé par le passage fréquent de voitures très-lourdes ou très-rapides se communique aux baquets et dispose le lait à s'aigrir.

Il faut éviter le voisinage des dépôts de fumier, des boucheries, des tanneries et de tout atelier d'où il s'échappe des odeurs animales.

Le laitier sera meilleur si des arbres

touffus plantés à une petite distance,
l'ombragent tellement que ses murs ne
soient jamais frappés par le soleil d'été.
Mais il ne faut pas que les branches de
ces arbres descendent plus bas que 2
mètres au-dessus de terre, afin que
l'air du nord passant librement dessous,
puisse souffler contre les murailles et
leur communiquer sa fraîcheur.

L'été qui est la saison de l'abondance
du lait est contraire à sa conservation,
c'est donc pour cette saison qu'il faut
construire le laitier, en ne négligeant
aucune précaution, pour qu'il soit frais
et tranquille, inaccessible aux souris et
aux chats, à l'abri de la poussière des
routes, des rayons du soleil et des odeurs
fortes de tout genre.

Au-dedans et autour du laitier, règnent
plusieurs étages de tablettes sur lesquelles
on pose les baquets. Ces tablettes consistent en deux petits madriers parallèles
éloignés de mèt. o, 13 (5 pouces). On
préfère ces tablettes à jour à des tablettes

en planches qui retiennent plus de saleté et ne laissent pas circuler l'air sous les vases qu'elles supportent.

Le laitier est pourvu d'une quantité suffisante de baquets à faire crèmer. Ces baquets sont fait du bois de sapin le plus fin et le plus homogène. Les dimensions de ces baquets, consacrées par l'usage dans les vacheries suisses, sont mèt. 0, 09 ($3\frac{1}{2}$ pouces) de profondeur, et mèt. 0,48 (21 pouces) de diamètre.

Dans quelques provinces on emploie les baquets de terre cuite. Ils sont également propres au service de la laiterie, mais leur pesanteur et leur fragilité les rendent très-incommodes. Il ne faut pas que ces baquets soient vernissés. Les oxides de plomb sont la base des vernis de la poterie commune, et le lait renferme des principes qui en se combinant avec le plomb, forment des composés contraires à sa conservation et dangereux à la santé.

Un grand seau à main pour porter le

lait à la chaudière, est affecté au service
du laitier et ne doit jamais être employé
à la cuisine.

CHAPITRE III.

La cuisine.

La cuisine doit être pavée en briques ou en dalles de pierre. Sur un de ses côtés ou dans l'un de ses angles on place la cheminée. Il faut que le manteau soit assez élevé pour qu'un homme puisse agir autour du foyer sans se baisser.

Le foyer doit être bâti en demi four-neau , c'est-à-dire en forme de niche demi-circulaire d'un diamètre égal à celui de la chaudière dont la demi-circonférence est ainsi en contact sur tous ses points avec les parois du fourneau, sauf dans un échancrure de quelques pouces au fond de la cheminée servant au passage de l'air et de la fumée; la flamme est ren-voyée par ces parois sur le fond de la chaudière. On sait que ces constructions

à feu demi-couvert économisent beaucoup de combustible.

A côté de la cheminée est une potence
tournant sur un pivot et à l'extrémité de
laquelle la chaudière est suspendue par
une crémaillère ; au moyen de cette potence on amène la chaudière dans le
foyer et on l'en éloigne à volonté.

A portée de la cheminée est la table
sur laquelle on place le fromage pour
l'égouter. Cette table, large de mèt. 0,
72 (2 pieds 3 pouces), longue de mèt. 1,
13 (3 pieds $\frac{1}{4}$), est inclinée de mèt. 0,
027 (1 pouce) dans le sens de sa longueur.
Elle est garnie d'un rebord pour contenir
le petit-lait, et creusée de rainures qui
se réunissent en arrête de poisson pour
faciliter son écoulement. La partie basse
de cette table se termine en un bec par
lequel le liquide tombe dans un vase
qu'on place dessous pour le recueillir.

Au-dessus de la table est la presse
pour serrer le fromage. Cet appareil
consiste en une planche fixée à char-

nière à l'une de ses extrémités. L'autre extrémité repose sur une traverse. La planche est chargée de pierres ; on la soulève de deux ou trois pouces au-dessus de la traverse, et par le moyen d'une pointelle on fait porter son poids sur le fromage, placé perpendiculairement au-dessous.

Dans une place éclairée de la cuisine est la tablette sur laquelle on pose le vase à mesurer le lait. Cette tablette doit être d'un niveau parfait. Au-dessus d'elle est le crochet auquel on fixe le couloir.

Un seul vase est destiné à recevoir le lait sous le couloir. On mesure le lait dans ce vase on y plongeant une jauge, c'est-à-dire un bâton sur lequel on a tracé une division qui indique les litres moitiés et quarts de litre que le vase contient à chaque hauteur du liquide.

Selon que la commodité l'indique, on place dans la cuisine, deux ou trois tables, des tablettes et une armoire fermant à clef pour placer les registres de la fruitière.

Sur le rebord de la cheminée on détermine une place pour la boîte du sel qui doit être tenue dans l'endroit le plus sec.

Les ustensiles de la fabrication du lait sont, la chaudière, le brassoir, les toiles, le cercle, la grande cuillère de bois, la cuillère de cuivre percée soit écumoire, la forme des serais, etc.

La chaudière est en cuivre battu. Le fond en est très-évasé afin de présenter la plus grande surface possible au feu. Son orifice est fortifié d'un cercle de fer sur lequel la feuille de cuivre est roulée, à ce cercle tient l'anse de fer par laquelle la chaudière est suspendue. Ce vase précieux doit être manié avec beaucoup de ménagement; il ne faut pas qu'il soit heurté par des corps anguleux. Quand on a fait le serai on lave la chaudière en la frottant vigoureusement avec un torchon. Après avoir par ce premier lavage enlevé toutes les parties caseuses adhérentes au cuivre, on le repasse avec un torchon chargé de cendres, afin de lui rendre son brillant métallique.

L'ustensile dans lequel on met le fromage au sortir de la chaudière pour le soumettre à la compression et lui donner sa forme, est un cercle d'un bois flexible de mèt. 0, 53 à 0, 66 (20 à 25 pouces) de diamètre, haut de mèt. 0, 09 à 0, 13 (3 $\frac{1}{2}$ à 5 pouces), épais de mèt. 0, 06 (3 lignes). On augmente ou diminue la grandeur de ce moule par le moyen d'une corde qui enveloppe sa circonférence, et qui étant fixée à l'une de ses extrémités, s'attache par différentes boucles nouées sur sa longueur, aux différens points d'une pièce dentelée fixée dans le bois du cercle. La pression de la pate renfermée dans le cercle lui fait prendre tout le développement que la longueur de la corde permet.

Le cercle est posé sur l'égoutier entre

deux plateaux ronds dont le diamètre excède le sien de deux ou trois pouces.

Le fromage placé dans le cercle, y est enveloppé dans une toile d'un tissu très-lâche. Chaque pièce de cette toile a mèt. 0, 85 (2 pieds 8 pouces) de largeur et mèt. 1, 18 (3 pieds 8 pouces) de longueur. Il en faut deux pour le service d'une fromagerie.

Le brassoir est un bâton de mèt. 1 , 2 (4 pieds) de longueur et d'environ mèt. 0, 05 (2 pouces) de diamètre à son gros bout, il est fait de l'extrémité d'un jeune pied de sapin écorcé avec ses branches, on plie les branches et l'on en fait rentrer les extrémités dans des trous percés au-dessous dans la tige autour de laquelle elles forment trois ou quatre rangs d'anneaux qui vont en diminuant de diamètre; le dernier est a mètre 0, 1 (4 pouces) du bout inférieur du bâton.

A défaut d'un pied de sapin, le brassoir pourroit être un bâton tout-à-fait artificiel.

La forme du serai est une caisse sans fond percée de trous, longue de mèt. 0, 40 (15 pouces), large de mèt. 0, 24 (9 pouces), haute de mèt. 0, 32 (1 pied) et plus. On la pose sur une planche à laquelle est fixé un chassis qui la retient.

La cuisine est pourvue de plusieurs vases de différentes grandeurs. Le plus grand de tous est celui qui sert d'entrepôt à la cuite, il doit pouvoir contenir, au moins, la quantité moyenne qus s'en fabrique à chaque opération. Ce peut être un baquet circulaire, ou une auge faite d'un tronc d'arbre.

Un autre vase plus petit et peu profond et qu'on place sur une table, sert à laver les baquets du laitier.

Plusieurs seaux à main de différentes grandeurs servent aux divers besoins du fruitier : pour se laver fréquemment les mains pendant son travail, il en a un à sa portée rempli d'eau fraiche souvent renouvelée.

CHAPITRE IV.

Le Magasin.

LE magasin est un cellier percé de soupiraux grillés et vitrés. Si sa porte ne s'ouvre pas sur un lieu éclairé et ne donne pas en s'ouvrant le jour nécessaire au fruitier pour soigner les fromages, on agrandit un des soupiraux pour avoir ce jour.

On place le magasin au centre du bâtiment. L'exposition au midi seroit trop chaude, celle au nord est réservée pour le laitier. On vise à pouvoir entretenir dans cette pièce une température égale et une atmosphère humide sans renouvellement d'air à l'ordinaire. Quand le tems est très-chaud, on ouvre un et quelquefois deux des soupiraux.

Le magasin ne doit pas être pavé;

on entretient plus aisément sur le sol nud l'humidité nécessaire. Quand le sol se sèche trop , on l'arrose avec de l'eau ou de la cuite.

En avant des murs, à la distance suffisante pour qu'un homme puisse agir dans l'intervalle , on établit des étagères de tablettes sur lesquelles on place les fromages. Ces tablettes sont en planches et larges de mèt. o, 64 (2 pieds); elles doivent être les unes au-dessus des autres à la distance de mèt. o, 24(9 pouc.)

Dans quelques fruitières on adosse les étagères aux murailles. Cette disposition a des inconvéniens; le plus grand est la difficulté de surveiller les ravages des souris. Il ne faut avoir recours à cette méthode que dans le cas où on n'auroit à sa disposition qu'un très-petit magasin et alors il faut redou-bler de surveillance et se servir de la lumière pour découvrir les issues des souris.

Quelque vaste que soit le magasin ,

on ne sauroit trop y ménager la place
en se procurant la plus grande quantité
possible de tablettes. C'est un grand
avantage pour les membres d'une fruitière que de pouvoir laisser leurs fromages au magasin sous la surveillance
du fruitier. Ils y acquièrent tous les
jours de la valeur et y sont à l'abri
des souris et des cirons. On peut attendre un moment favorable pour les
vendre et on les mange excellens.
Dans les fruitières qui ont un petit magasin, on est obligé pour faire place de
retirer les fromages à mesure qu'ils sont
salés, c'est-à-dire au bout de trois mois;
la plupart des cultivateurs n'ont pas un
lieu convenable pour les garder et sont
obligés de les vendre, dans la crainte de
les voir se détériorer ou être attaqués par
les vers ou les souris.

Pour le plus grand bien d'une fruitière, il faut que le magasin puisse contenir la récolte d'un an, afin que les associés dont les habitations sont petites

et peu commodes puissent y laisser tous leurs fromages et même celui qu'ils mangent. Un fromage entamé continue à se bonifier dans le magasin, et il est très-peu de petites habitations de paysan où, indépendamment du danger des souris et des vers, il ne perde en qualité et en poids. Comme chaque associé envoie deux fois par jour à la fruitière, il lui est très-facile de prendre chaque semaine la quantité de fromage nécessaire à sa consommation.

Les souris sont le fléau le plus dangereux pour le magasin; les trous qu'elles font dans les fromages, en précipitent la maturité, en y donnant accès à l'air et en devenant des foyers de moisissure. Il ne faut négliger aucune des précautions qu'en chaque pays l'expérience indique contre ces animaux destructeurs. Une des meilleures est d'avoir un chat élevé dans la fruitière et dès le sevrage nourri très-abondamment de laitage frais. Cette nourriture le dégoûte du laitage fermenté et il fait sa chasse au milieu des fromages sans y toucher ; après ses repas on l'enferme dans le magasin et on l'y laisse une heure, ou deux tout au plus.

Quand on établit une fruitière en profitant de bâtimens anciens ; si il existe dans ces batimens une cave voûtée et enterrée, passablement spacieuse, il faut y établir le magasin, il sera beaucoup meilleur qu'au rez-de-chaussée.

TROISIÈME PARTIE.

CHAPITRE Ier

De la réception et de l'examen du lait.

Les associés apportent soir et matin leur lait à la fruitière, dans la même heure, afin que l'opération du mesurage se suive sans interruption. Cette heure est fixée de manière que les deux traites se fassent le plus possible à des intervales égaux.

L'associé propriétaire du tour assiste au mesurage et porte le lait de la cuisine au laitier.

Dans le gros de l'été les associés qui ont à faire un long trajet au soleil, couvrent leur vase d'un linge mouillé,

cette précaution empêche le lait de s'é-
chauffer, et d'arriver à la fruitière déjà
disposé à s'aigrir.

En recevant le lait, le fruitier examine
si les vases dans lesquels on l'apporte
sont propres. Si une livraison de lait
lui paroît mal soignée, il la met dans
un vase séparé, si elle est aigrie lorsqu'il
l'écrème, il la rebute, et elle est perdue
pour celui qui l'a fournie.

Le fruitier examine surtout si le lait
est pur. Un fruitier exercé discerne aisément à la couleur et au gout du lait
si il est falsifié, mais pour s'aider dans
cet examen et donner à ses décisions
plus de certitude et d'autorité, il se
sert d'un pèse-liqueur gradué pour cet
usage.

La qualité du lait que donne une vache
varie suivant le pays et les individus, et
dans le même individu, elle varie suivant
l'âge, la santé, la nourriture et surtout
la date de la mise bas. Ces causes de
variation se combinent tellement qu'il

est impossible d'obtenir un lait qui ne varie jamais dans ses proportions qui soit toujours identique à lui-même, et qui serve de point de comparaison avec tous les autres.

L'éprouvette n'indique point d'une manière absolue la richesse du lait, c'est-à-dire la quantité absolue de matière caseuse et butireuse qu'il contient en dissolution, mais dans un même lieu et à des époques rapprochées, elle suffit en pratique pour indiquer d'assez petites différences dans la valeur relative de divers laits, soit que ces différences proviennent de causes naturelles ou de la fraude.

Les vaches d'une même fruitière sont soumises aux mêmes causes générales de variation dans la qualité du lait. Les causes particulières, telles qu'une maladie, une mise bas récente, un changement de régime, ces causes, dis-je, sont connues. Ainsi lorsqu'on observe dans le lait d'un associé des variations qu'on ne peut expliquer par des incidens connus, ou lorsque ces variations dépassent celles qu'on pourroit expliquer par ces accidens , on ne peut les attribuer qu'à la fraude.

L'éprouvette du lait ou *galactomètre* est construite sur le même principe que les aréomètres employés dans le commerce des liqueurs spiritueuses. C'est une boule vide traversée par un axe dont la plus longue branche porte une division. Le zéro est à l'extrémité de la branche. L'espace entre le zéro et l'implantation de la branche dans la boule est divisé en huit degrés, lesquels sont subdivisés en quarts. La boule est lestée de manière qu'étant plongée dans de l'eau distilée à la température de $10°$ le zéro se tienne à la surface du liquide. L'instrument étant plongé dans du bon lait, indique $4\frac{1}{2}$, $4\frac{3}{4}$, et même 5. L'instrument descend d'autant plus, que le liquide dans lequel on le plonge est plus léger.

L'on falsifie le lait de deux manières ; en y mêlant de l'eau, et en en ôtant de la crème.

La crème est le principe le plus léger qui entre dans la composition du lait. En diminuant la quantité qu'il en contient on augmente sa pesanteur spécifique. L'eau est plus légère que le lait et en se mêlant à lui elle diminue sa pesanteur spécifique.

L'éprouvette s'enfonce d'autant plus dans un liquide que ce liquide est plus léger.

L'éprouvette marque de $4\frac{1}{4}$ à 5° dans le lait naturel.

Si on y mêle de l'eau elle marque 4 à $3\frac{3}{4}$ suivant la proportion d'eau.

Dans le lait écrémé elle indique $5\frac{1}{4}$.

Ainsi du lait dans lequel l'éprouvette remonte plus haut que 5 est décidément écrémé ; du lait dans lequel elle descend plus bas que 4 est sûrement mélangé d'eau.

On confirme l'épreuve du pèse-liqueur par une autre épreuve moins rapide, mais bien plus décisive. On met le lait soupçonné dans un cylindre étroit de verre blanc. On cole sur l'extérieur de ce cylindre une petite bande de papier blanc. Au bout de 12 heures on fait sur ce papier deux traces qui indiquent très-exactement l'épaisseur de la couche de crème montée à la surface. On vide le lait, on lave le vase et on y remet une quantité égale de lait du même troupeau; on replace le vase dans le même lieu à la même température; au bout de 12 heures on observe ce second lait. Si la couche de crème est plus épaisse dans le dernier que dans le premier, on conclut sans balancer que le premier avoit été falsifié.

Le fruitier et les principuux membres d'une fruitière doivent étudier la marche de l'éprouvette dans les différens laits et dans des laits mélangés d'eau en diverses proportions.

Lorsqu'une fruitière entre en activité,

le fruitier éprouve le lait de tous les associés, il s'informe de l'âge de leurs vaches, de la date des mises-bas; il répète ces épreuves souvent et tient note du résultat. Il ne tarde pas à connoître le moral des différens associés et surveille principalement ceux qui ne lui inspirent pas de confiance.

Si un associé qui n'a qu'un court trajet à faire pour arriver à la fruitière y apporte du lait froid, il est vraisemblable qu'il a tiré ses vaches à l'avance pour écrèmer. C'est une opération difficile et délicate que de rendre au lait froid par le moyen du feu la température qu'il a en sortant du pis de la vache. On reconnoît du lait réchauffé, à la couleur, à l'odeur, au goût et aux pellicules.

Si un associé cherche à falsifier son lait irrégulièrement et de tems en tems, il arrive souvent qu'il remet dans son vase plus d'eau qu'il n'a ôté de lait, et il apporte à la fruitière plus de lait que la veille, sans qu'une cause naturelle explique cette augmentation.

Si un associé cherche à tromper tous les jours, il se cache pour faire sa traîte avant l'heure de tout le monde, et se trahit par des habitudes de prudence qui contrastent avec le calme indifférent que les habitans des campagnes apportent aux actes journaliers de la vie rustique.

Le fruitier ne reçoit pas une livraison de lait sans l'examiner. Au moindre soupçon il en prélève la quantité nécessaire pour faire une épreuve attentive devant les chefs.

L'épreuve doit se faire au moment où le lait est réfroidi et avant que la crème aie commencé à se séparer.

Si la commission décide qu'il y a lieu au soupçon, elle dresse procès-verbal de l'épreuve par le pèse-liqueur et prépare l'autre épreuve dont j'ai parlé plus haut. A la traite suivante elle se transporte chez l'individu soupçonné et fait traire ses vaches sous ses yeux afin de comparer les deux laits.

Les épreuves se font toujours sur le lait réuni de toutes les vaches du troupeau de l'individu soupçonné.

Dans une enquête de ce genre il faut avoir bien soin de traire les vaches jusqu'à la dernière goutte. La dernière partie de la traite est la plus riche et si on la laissoit dans le pis on courroit risque de commettre une injustice.

Si la commission trouve le lait tiré sous ses yeux beaucoup plus riche que le lait soupçonné, et si elle ne peut pas expliquer cette différence par quelque cause accidentelle, elle prononce qu'il y a eu fraude et elle sévit contre le coupable selon le réglement.

CHAPITRE II.

Des soins du Laitier.

A mesure qu'il reçoit et mesure le lait, le fruitier le distribue dans les baquets posés sur les rayons du laitier.

La température la plus favorable à la séparation de la crème est celle de 10 degrés. Pour l'obtenir en été on arrose souvent le pavé. Dans le même but en hiver on bouche tous les soupiraux. Le meilleur laitier seroit une cave basse où la température ne varieroit jamais.

Chaque jour, lorsque le fruitier a achevé la fabrication, il procède au lavage des utensiles.

Il lave les baquets du laitier dans de la cuite chaude en les frottant en dehors et en dedans avec des torchons de risette. Après ce lavage il les rince dans l'eau froide, puis les tourne pour qu'ils s'égoûtent. Dans les jours les plus chauds, au lieu de les faire sécher, il les range sur les tablettes du laitier et les remplit d'eau ; par ce moyen on leur conserve une température plus fraîche que celle qu'ils prennent en se séchant, et les particules de lait que les lavages n'ont pas enlevées, n'étant pas exposées à l'air chaud, ne contractent pas des germes d'aigreur qui se répandroient dans la masse du lait à laquelle elles se mêlent.

Après avoir lavé les utensiles , le fruitier lave le pavé et les tablettes sur lesquelles on pose les baquets.

Il ne faut épargner aucune peine et aucun soin pour entretenir dans le laitier une propreté absolue.

Le lait des fruitières est plus délicat que celui des vacheries de particuliers parce qu'il est composé d'une grande variété de laits produits par des troupeaux différens, inégalement soignés et inégalement nourris.

CHAPITRE III.

Du Beurre.

La fabrication du beurre est le plus simple de tous les travaux de la laiterie. Son seul écueil est la difficulté de conserver la crème, lorsqu'on n'en a pas assez pour faire du beurre tous les jours. Les fermiers des provinces qui approvisionnent les grandes villes ont beaucoup perfectionné les procédés de cette conservation. Ces procédés et l'appareil qu'ils exigent deviennent inutiles dans les fruitières parce qu'on y réunit tous les jours assez de crème pour faire du beurre.

L'instrument dont on se sert pour cette opération s'appelle une sérenne, c'est un petit tonneau étroit traversé par un axe à manivelle. Dans l'intérieur autour de la circonférence sont fixées des palettes qui servent à retenir le liquide et à lui faire faire des chutes. Le dos du tonneau est percé d'un trou par lequel on peut passer le bras et auquel s'adapte un disque de bois qui le bouche hermétiquement. L'instrument repose sur son axe qui est placé horisontalement sur une monture. On a soin qu'il ne contienne pas de la crème plus haut que son axe. On lui imprime un mouvement doux et réglé. Quand le beurre est formé on le retire avec le bras, et on lave l'instrument avec de la cuite chaude qu'on bat dedans comme la crème.

Quand on a sorti le beurre de la sérenne, il faut le pétrir dans une eau renouvelée deux ou trois fois. Par ce lavage on le débarrasse de son lait qui aigri par la percussion accélère beaucoup sa rancidité. Ce soin est très-nécessaire aux fruitières qui vendent leur beurre et surtout à celles qui l'expédient au loin.

Lorsque du beurre est destiné à être mangé dans le jour, il ne faut pas le débarrasser de tout son lait; cette liqueur aigrelette réhausse sa saveur et la rend très-flatteuse.

CHAPITRE IV.

Du fromage.

Oₙ fabrique le fromage en laissant dans le lait plus ou moins de crème. Le fromage fait de lait non écrèmé s'appelle fromage *gras*. Celui qui est fait de lait écrèmé à moitié s'appelle fromage *mi-gras*. Celui qui est fait de lait entièrement écrèmé est le fromage *maigre*.

On pourroit établir une grande variété de fromages selon les différentes aliquotes de crème qu'on auroit enlevées, mais cela seroit inutile et embarrassant. Toutes les variétés se rapportent à ces trois qualités. Les marchands ne sont jamais trompés, ils distinguent toujours si un fromage gras a été un peu écrèmé et si un fromage mi-gras a été écrèmé plus ou moins que moitié.

Quand on n'écrème point le lait ; la crème et le lait de beurre entrent dans la composition du fromage et augmentent à la fois sa qualité et sa quantité.

Le fromage gras est un produit savou‑reux, riche en principes nutritifs , re‑cherché par tout, il flatte les palais les plus délicats et paroît sur les tables les plus somptueuses.

Le fromage mi‑gras est une nour‑riture moins succulente, il est consommé par toutes les classes de la société , il sert aux provisions des armées et de la marine.

Le fromage maigre est dur et compact, il a besoin d'être gardé long‑tems, il n'est demandé dans le commerce que lorsque les autres fromages manquent, il ne circule guères , il est à l'ordi‑naire consommé par les habitans des campagnes.

Dans les vacheries des montagnes élevées de la Suisse on n'écrème que pour la nourriture des bergers. Cette méthode jointe à l'excellente qualité des herbes donne aux fromages de ce pays cette pâte riche, et ce goût exquis qui font leur réputation.

En été, dans la plaine on ne risque pas de garder pendant le gros du jour la traite de la veille au soir de peur qu'elle s'aigrisse ; après l'avoir écrèmée on la met dans la chaudière, on y joint celle du matin, on fait le fromage avant que celle-ci aie pu crèmer et alors on est obligé de fromager mi-gras. Au printems, en automne et en hiver on peut garder le lait et on l'écrème tout si l'on veut.

Dans le voisinage très-rapproché des villes, on vend le beurre frais tous les jours et à un bon prix. On n'a pas de concurrence pour la vente de cette denrée délicate qui ne peut pas supporter de grands frais de transport et qui perd de sa qualité dans un long trajet : mais on y a pour la vente du fromage la concurrence des cantons plus éloignés, d'où on l'envoye au marché en char, par les canaux où les rivières. Par conséquent dans un certain arrondissement autour des villes, il convient de faire plus de beurre, c'est-à-dire, de ne fromager que mi-gras ou maigre.

La convenance de faire beaucoup de beurre seroit plus pressante encore dans les cantons où l'on a l'habitude de le saler et des débouchés ouverts pour cette denrée ainsi préparée ; préparation que les fruitières favoriseront beaucoup en en procurant de fortes quantités à la fois.

En hiver le tems que les cultivateurs perdent à faire des transports est moins précieux. Le beurre supporte mieux les longs trajets et se vend plus cher, alors la convenance d'en faire est moins circonscrite au voisinage des villes. C'est donc dans cette saison qu'il faut fabriquer le fromage maigre pour la consommation des gens de la campagne.

Dans les fruitières composées de petits

et de grands propriétaires, on varie le genre de fabrication, chacun fait travailler le fruitier à sa convenance. Les petits propriétaires pressés de réaliser leurs produits font faire tout le beurre possible pour le vendre de suite et gardent le fromage maigre et le serai pour leur ménage.

Quand les grands propriétaires ont fait leur provision de fromage maigre pour leurs gens, ils font fabriquer celui qu'ils destinent à la vente gras ou mi-gras selon les circonstances.

Lorsque les membres d'une fruitière sont tous des propriétaires aisés qui peuvent attendre la vente des fromages, ils s'entendent pour fabriquer tous au même degré de gras, et ils font un accord avec un marchand en gros qui prend tout ce qu'on peut lui livrer à un prix fixe. Ces abonnemens sont très-commodes aux habitans des campagnes parce qu'ils leur évitent la peine de chercher des acheteurs. Ils ne peuvent pas avoir lieu dans les fruitières où l'on change chaque jour le degré de gras, parce qu'alors l'acheteur est obligé de venir goûter tous les fromages et de faire un prix pour chaque nuance d'écrèmage.

CHAPITRE V.

Des présures.

La préparation et l'emploi de la présure sont une partie importante de l'art du fruitier.

La base de la présure est la membrane de l'estomac des veaux qui desséchée et préparée pour cet usage s'appelle la caillette. La présure est une infusion de la caillette dans de la cuite.

La force coagulante de cette infusion varie suivant la nature de la caillette qui est plus ou moins riche en principe coagulant. Elle varie avec la température de l'air, qui, selon qu'elle est chaude ou froide, facilite plus ou moins la dissolution de ce principe par le liquide qui l'attaque.

La disposition du lait à se coaguler

varie suivant sa qualité, son âge, sa température et suivant la saison.

La science du fruitier consiste à connoître ces variations et à combiner les doses de manière à obtenir un résultat semblable dans toutes les saisons.

Pour cela le fruitier a deux vases de terre ou de bois de la contenance d'un litre ou plus. Dans l'un est en infusion une caillette fraîche, dans l'autre une caillette ancienne. La première de ces infusions contient beaucoup de principe coagulant, la seconde en contient très-peu.

Lorsque le lait est chaud à la température convenable, le fruitier essaie la plus forte des présures en la versant en petite quantité dans la grande cueillère à moitié pleine de lait réchauffé. Si la coagulation est instantannée, la première présure est trop forte, et il l'affoiblit en la mêlant avec de la seconde; il cherche par ce mélange à atténuer la force de la première et à la réduire au point qu'une partie de cette présure étant mêlée à six parties de lait à la température de 26°, elle coagule ce lait dans 20 secondes. La présure de cette force s'emploie à la dose de $\frac{1}{5}$ p. $\frac{0}{0}$, c'est-à-dire, $\frac{1}{500}$ partie en hiver et de $\frac{1}{6}$ p. $\frac{0}{0}$, c'est-à-dire, une six centième partie en été.

Lorsqu'on a tiré de la présure du pot, on la remplace par la même quantité de cuite à 36°.

Une caillette fournit de la présure forte pour six fromages de 25 kilog., après cela elle passe au second pot et fournit la présure foible pour six fromages.

L'excès de présure donne au fromage une saveur désagréable et le dispose à une fermentation rapide qui le déprécie beaucoup. L'habileté du fruitier consiste à employer le moins de présure possible.

On comprend bien que pour faire l'épreuve des présures, les fruitiers ne se servent ni de mesure, ni de thermo-

mètre, ni de montre à seconde. Le coup-
d'œil les dirige pour les proportions.
La sensation de l'avant bras pour la
température, et l'habitude pour l'appré-
ciation du tems. Ils ne manquent jamais
leurs doses.

~~~~~~~~~~~~~~~~~~~~~~~~~~~~~~~~~~~~~

CHAPITRE VI.

De la cuisson et de la compression du fromage.

Si en écrèmant on s'aperçoit à l'odeur qu'un baquet de lait a commencé à s'aigrir , on ne le mêle pas avec les autres pour faire le fromage, on le réserve pour le serai.

Après avoir écrèmé le lait, on le réunit dans la chaudière; on place la chaudière sur un feu modéré. Quand le liquide est arrivé au 25° on le retire de dessus le feu, et on y jette la présure , puis on l'agite dans tous les sens afin que le principe coagulant se répande dans toute sa masse. Lorsque la présure est mêlée, on laisse reposer le lait loin du foyer. Le lait arrive à la température de 25° plus ou moins vîte suivant celle du laitier d'où on le sort , 20 minutes suf-
~~~~~~~~~~~~~~~~~~~~~~~~~~~~~~~~~~~~~

fisent quand le laitier est à la température de 9 ou 10°.

Le lait caille plus ou moins vîte suivant la saison. Un quart d'heure lui
suffit en été, en hiver il faut un tems
plus long.

Quand la coagulation du lait est complète, c'est-à-dire, quand le petit lait
est bien séparé de la partie caseuse, on
enlève à la surface du liquide la pelli-
cule qui le recouvre et une couche très-
mince du lait coagulé sous elle ; cette
couche de lait renferme une surabon-
dance de présure qui altèreroit le goût
du fromage. Après cette opération on
brise le caillé en le coupant dans tous
les sens avec la grosse cuillère, et on
a bien soin qu'aucune partie de la
masse n'échappe à l'instrument.

Cette première division réduit le
caillé en morceaux gros comme de
très-gros pois. Lorsqu'elle est achevée
on prend le brassoir pour battre le
caillé, le diviser encore, et changer sa

consistance. Pour cela on plonge l'instrument dans le lait jusqu'au fond de
la chaudière, et en le tournant tantôt
en rond, tantôt en ovale, on imprime
à toute la masse du liquide un mouvement de tourbillon irrégulier. Tout en
brassant on place la chaudière sur le
foyer et sans cesser un instant de brasser
on conduit le feu de manière que le
liquide arrive en 20 ou 25 minutes
au 33°. Alors on retire la chaudière
de dessus le feu et l'on continue à brasser
pendant environ $\frac{1}{4}$ d'heure.

L'opération est achevée quand le
caillé est réduit en grains d'un blanc
jaune qui lorsqu'on les presse dans la
main se colent par le moyen d'un principe glutineux dont ils sont couverts
et forment une pâte élastique qui crie
sous la dent quand on la mâche.

Pendant que le fruitier est debout
devant le foyer pour brasser le lait,
il appuie sur la chaudière une large

planche qui préserve ses jambes de la chaleur et de la flamme.

Quelques minutes après qu'on a cessé de brasser , le fromage se dépose au fond de la chaudière sous la forme d'un gâteau d'une consistance assez ferme. Pour concentrer cette masse et lui donner la forme d'un pain relevé , le fruitier passe sa main tout le tour du gâteau repoussant le bord vers le milieu. Ensuite il prend sa toile , roule en deux ou trois tours un de ses bouts sur une baguette flexible et passe cette baguette sous le pain en faisant tenir les deux coins opposés de la toile à un aide placé de l'autre côté de la chaudière vis-à-vis de lui. Quand la toile est bien arrangée sous le pain , le fruitier en la soulevant par un coup de bras adroit, fait tourner cette masse de manière que la surface qui touchoit le fond de la chaudière se trouve dessus , après cela en tirant la toile par les quatre coins , il sort le fromage du petit lait dans lequel il est

plongé, le laisse égoûter quelques ins-
tans sur la chaudière, et le place dans
le moule enveloppé de sa toile, sans
perdre un instant il repasse une seconde
toile dans la chaudière pour recueillir
les particules de fromage qui se sont
détachées de la masse. Il réunit ces
débris dans le fond de la toile et en fait
une pelote qu'il fait entrer dans le
centre de la masse. Il replie les bouts
de la toile sur le fromage, charge le
fromage d'une planche, et fait porter
sur cette planche le poids de la presse.

En posant le fromage, dans le moule,
il faut avoir soin que le centre de la
masse corresponde au centre du moule.
Il ne faut pas qu'il y ait plus de matière
d'un côté que de l'autre, et il ne faut
pas que la matière dépasse de plus d'un
pouce le haut du cercle, parce qu'alors
elle s'échappe de côté et une partie de
la force de pression se perd. Au bout
d'une demi-heure on soulève le poids,
on ôte le plateau et le cercle, on défait

l'enveloppe, on remet sur le fromage une autre toile, on le retourne et on le replace dans le cercle qu'on a retréci.

Le fromage dépasse le cercle de 2 ou 3 lignes. On le remet sous la presse, lorsque la pression a fait céder la masse au point que le plateau porte sur le cercle, on défait l'appareil pour remettre le fromage dans le moule encore diminué. Dans les six premières heures de la fabrication on a soin que le fromage toujours renfermé dans un moule plus petit que lui, soit soumis à une compression très-forte qui le débarrasse de tout son petit-lait.

Ce soin est la base de la fabrication suisse, dont le but est de faire un fromage compacte, d'une pâte rousse, grasse, qui se perce de grands trous. Si on néglige cette opération on a un fromage blanc à petits trous.

Les procédés que je viens de décrire sont ceux de la fabrication du fromage maigre ou mi-gras. On les modifie un peu pour faire le fromage gras. Voici en quoi consistent ces légers changemens.

Pour fromager gras , on verse dans la chaudière la dernière traite en la sortant de la mesure. On enlève la crème de la traite ancienne afin de la mêler très-également au lait. Pour cela on la verse dans le couloir et on la fait tomber à petit fil dans la chaudière.

On met la présure en dose un peu plus forte. En 10 minutes on fait arriver le lait au 36° et après avoir retiré la chaudière du feu on brasse pendant $\frac{1}{2}$ heure.

L'on doit presser avec le même soin, le fromage gras cède beaucoup moins à la compression. Quand on fabrique des fromages destinés à un commerce lointain, pour la commodité de l'emballage on leur donne à tous le même diamètre et on varie leur épaisseur.

Chaque fromage doit porter une marque. Cette marque consiste en un numéro et deux lettres qui sont les initiales du nom de son propriétaire. On grave au couteau ces caractères sur une petite pièce de bois. En tournant le fromage pour la première fois, on place cette pièce de bois sur le côté du fromage, elle s'y enfonce et s'y fixe.

Le fruitier tient de son travail journalier un registre à plusieurs colonnes

La 1.re indique sa datte.

La 2.e le nom de l'associé qui a le tour.

La 3.e le nombre de litres fabriqué.

La 4.e le nombre de litres redus.

La 5.e la quantité de beurre fabriqué.

La 6.e la quantité de serai.

La 7.e le numéro de la pièce de fromage.

N. B. Le thermomètre dont on s'est servi dans ces opérations est celui de Réaumur.

CHAPITRE VII.

De la salaison du fromage.

CHAQUE jour avant de commencer
le travail on sort du cercle le fromage
fait la veille et on le porte au magasin.
Quelques heures après l'y avoir placé
on le saupoudre de sel très-sec pilé
très-fin. Ce sel absorbe l'humidité du
fromage et ne tarde pas à se fondre en
gouttelettes. Pour étendre cette saumure très-également sur tout le fromage,
on en frotte le dessus et les côtés avec
un torchon de laine.

Le lendemain quand toute la saumure a été absorbée on tourne le
fromage et on le saupoudre de sel,
il est très-important de ne point
tourner le fromage avant que la saumure soit absorbée ; si on néglige
cette attention la peau du fromage ne

prend pas de consistance et il se fend. Chaque jour on tourne le fromage et on le charge de sel. La quantité de saumure qui peut être absorbée en 24 heures donne la mesure de la quantité de sel qu'on doit mettre chaque jour.

Un fromage est salé quand on lui a donné à absorber 4 ou $4\frac{1}{2}$ p. $\frac{0}{0}$ de son poids de sel.

Cette absorption doit employer trois mois en hiver et deux mois en été.

Il s'en faut bien que le fromage s'approprie la totalité du sel dont on le charge; il s'en perd une quantité notable qui coule en saumure sur les tablettes. Cette perte est inévitable.

Quand les fromages sont salés on peut les mettre en piles de deux ou trois pièces, mais on a soin de les tourner de tems en tems en les frottant avec un torchon.

Quand malgré la surveillance la plus exacte, les souris ont pénétré dans le magasin et ont attaqué un fromage, on bouche les trous qu'elles ont fait avec la substance onctueuse qui suinte des fromages au sel, qu'on enlève avec une lame de couteau.

CHAPITRE VIII.

Du serai.

LA coagulation du petit lait pour faire le serai s'opère par le moyen d'une présure différente de celle qu'on emploie pour faire le fromage; cette présure s'appelle *l'aisy*, elle n'est autre chose que de la cuite aigrie.

On place près du foyer un tonneau qui contient quatre fois autant de présure qu'on en emploie chaque jour. On remplit ce tonneau de cuite chaude. Cette cuite ne tarde pas à s'aigrir. On en met dans le petit lait à la dose de 6 à 8 parties pour cent. En été on y ajoute en sus un quart d'eau fraîche.

Chaque jour on tire du tonneau la quantité de présure nécessaire et on la remplace par de la cuite quand on a fait le serai.

Quand un tonneau a fourni de la présure pendant quinze jours, il se fait au fond un dépôt qui donne a l'aisy une mauvaise odeur pour ne pas employer cette présure attirée on en prépare de la nouvelle dans un second tonneau placé à côté du premier, et par ce moyen on a toujours une présure fraîche, et sans mauvaise odeur.

On peut sans inconvénient pour le serai employer plus de présure que la dose indiquée. Le principe pratique est ; qu'il ne faut pas épargner *l'aisy*.

Quand on commence une fruitière, et qu'on n'a pas un tonneau de cuite aigrie, on la remplace par des petits vins blancs acides ou du cidre employés en tiers ou quart de dose suivant leur degré d'acidité. Après l'opération on remplit le tonneau de cuite qui ne tarde pas à se convertir en *aisy*.

Quand on a sorti le fromage du petit lait, on replace la chaudière sur le feu pour faire le serai.

Lorsque le liquide est arrivé au 40 ou 45° degré on y ajoute le lait de beurre et le lait suspect qu'on n'a pas voulu mêler dans la chaudière pour faire le fromage

Quand le liquide est en pleine ébullition, on y verse la présure et l'on pousse le feu. Le serai ne tarde pas de paroître à la surface sous la forme d'une écume blanche. Par la cuisson cette écume devient une croûte bien agglomérée. Lorsque ce changement est consommé on retire la chaudière de dessus le feu. On enlève une écume mousseuse qui est à la surface, puis avec l'écumoire on sépare cette croûte en gros morceaux qu'on jette dans le moule placé sur l'égoutoir. En se refroidissant le serai s'affaisse et se serre, et lorsqu'il est froid il forme une masse cohérente qui conserve sa forme après avoir été sortie du moule.

Le serai frais est un aliment très-sain et facile à digérer. On le mange avec ou sans apprêt et il soutient très-bien les forces des ouvriers de la campagne dans la saison des grands travaux.

En salant le serai on en fait un commestible analogue au fromage , qui se conserve plusieurs mois et même une année, et qui peut supporter d'assez longs transports.

Pour saler le serai, en le sortant du moule on le met sur une planche entre deux lits de sel. On met à la fois dans ces deux lits, à la dose de 6 ou 7 p. $\frac{0}{0}$, tout le sel que le serai doit absorber , et ainsi salé on le place sous le manteau d'une cheminée ou dans un lieu très-sec. Quand le sel est entiérement absorbé et que l'évaporation a diminué d'un tiers le volume d'un serai , il est salé et on l'envoie au marché.

CHAPITRE IX.

De l'emploi de la cuite.

L'ÉLÈVE ou l'engrais des cochons offrent l'emploi le plus avantageux de la cuite.

Au commencement de chaque année la plupart des sociétés vendent à l'enchère la cuite de toute l'année. Elle est achetée par un cultivateur qui a les établissemens nécessaires pour en tirer parti, ou par plusieurs individus qui se la partagent.

Quelques associations exploitent elles-mêmes cette branche de revenu, elles construisent à portée de la fruitière les étables nécessaires pour loger les cochons qu'on élève ou engraisse avec la cuite. La commission surveille cette manutention ; elle achète le grain ou les légumes qu'on joint à la cuite qui ne suffiroit pas seule à l'entretien des animaux ; elle achète et revend les animaux. Le produit net de ces reventes, déduction faite des provisions achetées, représente la valeur de la cuite et entre dans les revenus de la société.

Le fruitier est chargé de donner à manger aux animaux et l'associé qui a le tour fait nettoyer l'étable.

A défaut de l'un ou de l'autre arrangement chaque associé prend la cuite du jour où il a le tour. Cette méthode n'est pas bonne ; la cuite profite très-peu à ceux qui ne l'ont que de loin en loin ou qui demeurent très-loin de la fruitière.

Voici un relevé du compte des cochons d'une fruitière de 100 vaches.

Du 12 Juin 1809 au 22 Juin 1810.

Achat de 12 cochons et dépense pour
leur nourriture en grains ou légumes,   Fr. 522
Revente de ces douze cochons,   853

Bénéfice , 331

Il résulte de ce compte que les associations en nourrissant les cochons pour leur compte peuvent retirer plus de trois francs par tête de vaches pour la valeur de la cuite.

Cette manutention emploie un petit capital, et exige de la part des commissaires une surveillance active et éclairée.

La fruitière qui m'a fourni ce compte est composée pour la moitié de vaches de la plus forte rente, les vaches de l'autre moitié sont au moins des bêtes de rente moyenne et sont attelées.

Cette fruitière est dirigée par un Pasteur éclairé, très-occupé du bien être de son troupeau ; et l'un des membres de l'association lui fait toutes les avances d'argent dont elle pourroit avoir besoin.

Quand les sociétés vendent la cuite à l'enchère elles en retirent un franc, ou tout au plus un 1 franc 25 cent. par tête de vache. Il est naturel que ceux qui font ces entreprises réalisent un bénéfice qui couvre les chances, et paie leurs peines.

CHAPITRE X.

Conclusion.

Il est difficile de déterminer quelle est la proportion du lait qui se fabrique en France, à celui qui se boit sans être fabriqué ; cette dernière quantité a beaucoup diminué dans les villes depuis le renchérissement excessif du sucre et du café ; je crois l'estimer fort haut en supposant qu'elle est le quart de la quantité totale.

Je ne doute pas que le régime des fruitières n'augmente d'un cinquième le produit brut du lait qu'elles fabriquent ; l'adoptiou générale de ce régime augmenteroit donc de 15 p. $\frac{0}{0}$ le produit total des vaches de la France. Si ce 15 p. $\frac{0}{0}$ s'exportoit, il se réaliseroit en bénéfice pécuniaire évident. Si il se consommoit dans l'intérieur, il se réaliseroit en bien être du peuple, mieux et plus abondamment nourri, et par la même en capacité d'un surcroit de travail; ce dernier bénéfice quoique bien réel seroit très-difficile à apercevoir, et il n'y auroit aucun gain pécuniaire apparent; car il pourroit bien se faire que les prix du beurre, du fromage et de la viande de porc baissassent de 15 p. $\frac{0}{0}$. Cette baisse est d'autant plus probable que les pays voisins de la France sont comme elle, sous le poids de la cherté des denrées coloniales, cherté qui tend à augmenter la quantité du lait qui se fabrique aux dépends de celle qui se boit; et que parconséquent ces pays ont plus de fromage à importer en France.

Le régime des fruitiéres ne tend donc point naturellement à augmenter le nombre des vaches, mais à le réduire.

En tems de paix ce nombre se proportionneroit aux besoins de l'intérieur, aux demandes du commerce maritime et aux prix que ce commerce offriroit et alla-t-il même en croissant, il seroit toujours moindre avec les fruitiéres que sans elles.

Dans les circonstances actuelles, le régime des fruitières tend plus fortement encore à réduire ce nombre en le proportionnant exactement aux besoins de la consommation, et en satisfaisant à ces besoins à moins de frais et plus facilement, par des produits qui se gardent mieux et se transportent plus aisément.

C'est encore là un des grands avantages de ce régime, car le fourrage vert ou sec que les vaches surnuméraires mangeoient, ne se perdra assurément point; il s'emploiera dans quelques départemens à élever et nourrir des chevaux, dans d'autres à élever et nourrir des moutons; et comme la France achète au-dehors très-chèrement beaucoup de chevaux et beaucoup de laines, l'Etat et les propriétaires gagneront beaucoup à ce changement de destination d'une partie des produits de leur sol.

Ces conjectures appuiées sur des raisonnemens qui me paroissent solides sont pleinement confirmées par l'expérience du Département du Léman. Depuis cinq ou six années on voit autour de Genève, diminuer le nombre des vaches, baisser le prix du beurre et du fromage, les fruitières se multiplier avec profit malgré cette baisse, et les mérinos remplacer les vaches réformées ou celles qu'on auroit nourries de plus avec les fourrages que la bonne culture multiplie sans cesse. Ainsi les consommateurs ont été servis mieux et à meilleur marché et les ventes de laines ou d'agneaux mérinos ont rendus trois ou quatre fois plus d'argent que n'en auroient produit les vaches que les moutons ont remplacées.

Les seuls perdans à ce commencement de révolution rurale ont été les propriétaires des pâturages du Jura et des Alpes où l'on établissoit pendant l'été de fromageries avec des vaches louées dans la plaine. Les chalets ont beaucoup souffert de la concurrence des fruitières, qui ont fait à la fois monter le loyer des vaches et baisser le prix de leurs produits. La rente de ces vastes propriétés seroit en grand péril si les mérinos n'étoient venus remplacer les belles vaches de race suisse. Chaque année de nouveaux troupeaux vont repeupler ces sommités désertées, et comme ils changent en laine fine le beau gazon qu'elles produisent, dès qu'il seront suffisamment multipliés, ils leur rendront assurément leur ancien prix.

F I N.

EXPLICATION

DES PLANCHES.

PLANCHE I.

LA planche I représente l'angle de la cuisine dans lequel est placée la cheminée.

G, le foyer.

C est le conduit de la fumée noyé dans le mur ayant une issue en *e*. Ce conduit est différent de celui que j'ai indiqué lequel n'est qu'une échancrure ouverte pratiquée dans la maçonnerie ; il a sur ce dernier l'avantage de procurer un tirage qui peut décider plus énergiquement l'ascension de la fumée dans la cheminée.

ff, la partie supérieure de la maçonnerie du foyer.

c b, la circonférence avec laquelle la chaudière est en contact.

a, la chaudière.

d, l'anse de la chaudière.

g g, la cremaillère qu'on fixe à différentes hauteurs par le moyen des trous dans lesquels on place la cheville *h*.

R R, l'axe de la potence tournant sur deux pivots.

i, le pivot supérieur.

z z x, le manteau de la cheminée.

n n q, une table pouvant servir d'égoutoir.

o o p, la caisse du sérai.

s, le couloir.

t, le vase à mesurer le lait.

v, le support de ce vase.

m m, les vases de l'aisy.

J J, les toiles suspendues pour être séchées.

l l l, les vases des présures suspendus à des cloux.

PLANCHE II.

La planche II représente un des côtés de la cuisine.

1. L'égoutoir sur lequel on presse le fromage.

5. Le fromage dans le cercle entre deux plateaux.

6. La pointelle.

11. La presse. Quand la place au-dessus de la cuisine n'est pas occupée on y établit la presse, comme cela est indiqué dans la gravure ; mais quand cette place est précieuse on monte la presse sur quatre colonnes placées au quatre coins de l'égoutoir.

7, 8, 9 et 10. Le levier avec lequel on soulève la presse.

2, 3 et 4. Le cercle.

12, 13. Les cuillères à écrèmer.

14, 15. Les écumoires.

27. La coupe de la grande écumoire.

26. La coupe de la cuillère à écrèmer.

24, 24. La monture de la beurrière.

16. L'axe de la beurrière.

17. La manivelle.

21, 21. Deux palettes fixées à la circonférence.

22, 22. Une palette étroite qui traverse l'axe sans y être fixée et qu'on sort quand le beurre est formé.

18. Le trou de la beurrière.

19, 19. Les anneaux de fer par le moyen desquels on fixe sur le trou le disque de bois n.° 20.

25. La romaine.

P L A N C H E I I I.

D D, le gros côté du bâton des marques.

E E, le petit côté.

F F, les marques qui indiquent les dixaines.

Les fractions de litre se marquent sur le côté des bâtons.

Quand un associé est en avance avec la société on trace les marques sur le côté qui porte son chiffre. Quand il doit à la société on les traces sur le côté opposé. Ainsi l'associé nommé C.F.P. dont

le bâton est gravé à une créance de 78 litres contre
la société.

H H, le brassoir.

a, l'éprouvette dessinée de grandeur naturelle;
les premières éprouvettes ont été faites en verre,
elles étoient trop fragiles pour l'usage journalier,
maintenant on les fait en argent (1).

B B, le grand côté de l'axe qui porte la gra-
duation.

C C, le petit côté.

R, la partie du cercle sur laquelle se trouve
la pièce dentelée.

g, la jauge.

Dans les Planches I et II les objets sont dessinés sur l'échelle d'une ligne pour 4 pouces.

Dans la Planche III l'éprouvette est dessinée
de grandeur naturelle. Le cercle, le brassoir et
le bâton du compte sont dessinés sur des échelles
différentes, mais j'ai indiqué plus haut leurs dimensions absolues.

Les dimensions de la jauge varient selon celles
du vase de mesure : on fait ce vase assez étroit
pour que l'on aperçoive aisément des différences
de $\frac{1}{4}$ de litre.

----

(1) Le S.ʳ *Sigfrid*, fabricant d'instrumens de phisique à
Genève en l'Isle n.º 241, fait ces areomêtres très-bien gradués,
pour le prix de 24 francs.

TABLE

DES MATIERES.

TROISIEME PARTIE.

Fin de la Table.

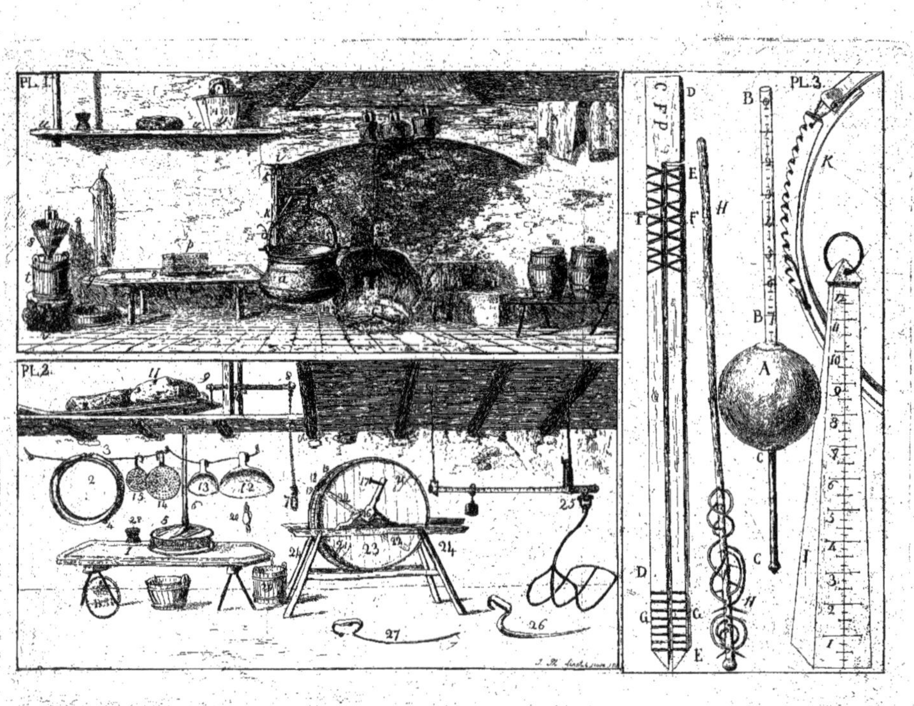
PL. 1.
PL.2.
PL.3.

1810.

LIVRES NOUVEAUX ET AUTRES

Chez J. J. PASCHOUD, Libraire A PARIS,
Rue des Petits-Augustins, n.º 3.

Et à GENÈVE, même Maison de Commerce.

VIE D'ULRICH ZWINGLE, réformateur de la Suisse, par
M. J. G. HESS, 1 vol. d'environ 400 pages,   4 fr. 50 c.

> Cet ouvrage est à la fois une biographie et l'histoire abrégée de la
> réformation de la Suisse. Les opinions et la conduite de Zwingle
> y sont présentées de manière à mettre au jour son caractère indul-
> gent, simple et doux, ses principes sages et modérés, sa sou-
> mission aux lois et au gouvernement de sa patrie, et ses sentimens
> de bienveillance envers tous les hommes. Le développement des
> qualités qu'il montra dans l'exercice des sévères fonctions qu'il
> s'étoit imposées, font, de la vie du reformateur de la Suisse, une
> lecture pleine d'intérêt.

COURS D'AGRICULTURE ANGLOISE, avec les développemens
utiles aux agriculteurs du Continent, par Ch. PICTET,
de Genève, 10 vol. in-8,   50 f.

> Les Rédacteurs de la *Bibliothèque Britannique* ont été sol-
> licités pendant long-tems de séparer la partie de l'*Agriculture*,
> pour la vendre à part ; mais ils n'auroient pu le faire sans
> dépareiller leurs collections. Aujourd'hui que leur travail com-
> prend dix années, ils se déterminent à réimprimer les 10 volumes
> de l'*Agriculture*, en divisant le travail par ordre de matières.
>
> On sait combien l'avantage de travailler avec de forts capitaux,
> l'émulation des sociétés, et l'encouragement des primes ont
> distingué l'agriculture en Angleterre : la connoissance des faits
> et la communication des idées sur cet intérêt de première im-
> portance, ont sérieusement occupé les Rédacteurs. Celui qui est
> particulièrement chargé de cette partie a recueilli dans le dépôt
> des ouvrages anglois tout ce qui pouvoit être utile aux agri-
> culteurs du Continent. Il y a ajouté les résultats de sa propre
> expérience, en les comparant à ceux des Auteurs anglois. Il a
> surtout donné, sur l'amélioration des races des brebis, et sur
> l'assolement des terres, des faits plus nombreux et des obser-
> vations plus complètes qu'on en eût encore présenté dans aucun
> ouvrage. Enfin l'ensemble des 10 vol. d'environ 500 pages chacun,
> donne à l'agriculteur pratique toutes les directions les plus im-
> portantes pour exploiter les terres avec avantage. Voici comment
> le Journal de l'Empire s'exprime sur cet ouvrage dans le numéro
> du 21 octobre 1809.
>
> *On ne peut nier qu'il n'y ait beaucoup d'instruction à tirer
> de l'ouvrage de M. Pictet. Il a observé lui-même la culture en
> Angleterre et dans plusieurs parties du Continent ; il l'a pra-
> tiquée long-tems. Il est facile de découvrir, dans les observa-
> tions critiques, les redressemens, les notes raisonnées et tous
> les morceaux qui sont de lui, cette connoissance intime et
> pratique du sujet, qui fait que le lecteur se confie à l'ensei-*

Il faut avoir soin d'affranchir la lettre de demande et l'argent. Un port de lettre est peu de chose pour une personne, mais la maison qui en reçoit plusieurs chaque jour, doit se résoudre à refuser toutes celles qui ne seroient point affranchies.

gnement. *L'auteur s'attache surtout à prévenir les fausses applications et les espérances exagérées qui ont ruiné tant d'agronomes. Il ne perd pas une occasion de montrer qu'un succès constaté ne promet point ailleurs, avec certitude, un succès semblable.*

Le Cours d'agriculture de M. Pictet est fait pour les agronomes qui ont des idées générales. Il présente l'histoire des procédés, des travaux, de toutes-leurs circonstances et de leurs résultats. On y trouve les observations qui peuvent éclairer, encourager ou retenir, et il prémunit contre le danger des fausses applications, comme il montre les profits non douteux d'une imitation que le jugement dirige.

DÉVOTIONS à l'usage des Familles, ou Réflexions sur une suite de chapitres du Vieux et du Nouveau Testament, qui offrent la suite de l'Histoire Sainte, les principaux dogmes de l'Evangile, et les principaux devoirs de la morale Chrétienne; par JEAN-AMI MARTIN, Pasteur de l'Eglise de Genève, Président de son Consistoire, et Bibliothécaire; 2 vol. in-8, faisant ensemble 874 pages, imprimé en gros caractère,   7 fr. 50 c.

Cet ouvrage est propre à perfectionner celui du célèbre Ostervald; il comprend des notes critiques et des réflexions très-intéressantes: des premières sont courtes et consacrées à lever les difficultés que l'on croiroit trouver dans la lecture de l'Écriture Sainte; les secondes sont plus étendues, et sont plus particulièrement des exercices de piété. Il n'est pas besoin de s'étendre ici sur l'importance d'un si bon ouvrage. Tous les chefs des familles Chrétiennes le désiroient depuis long-tems. Il est composé avec cette sagesse et cette onction qui distinguoient éminemment son auteur. Il fut la principale occupation des dernières années de la vie de M. Martin, qui a été surpris par la mort au moment où il alloit le terminer, ce qui a été très-bien exécuté par M. le Pasteur Senebier. Il n'y a aucun doute que cet ouvrage ne soit reçu par le public avec le même empressement que le *Recueil de Prières et d'Instructions religieuses* du même auteur, qui se trouve chez le même Libraire.

L'Église renouvelant ses promesses. Sermon sur Josué XXIV. 15 et suiv. Par M.ʳ J. J. S. Cellérier, Pasteur de Genève, In-8,   60 cent.

WALLSTEIN, tragédie en 5 actes et en vers, précédée de quelques réflexions sur le théâtre allemand, et suivie de notes historiques sur la guerre de 30 ans, par M. Benj-CONSTANT DE REBECQUE, 1 vol. in-8,   3 f.

Recueil de mots extraits du Vocabulaire de la langue françoise, à l'usage des jeunes gens qui apprennent l'orthographe, in-8 de 76 pages,   60 c.

Premiers éléments de la grammaire françoise, à l'usage des jeunes gens qui apprennent l'orthographe, par F.ˢ Gaillard, 1 vol. in-12,   1 fr. 25 c.

Météorologie pratique, à l'usage de tous les hommes, et surtout des cultivateurs, par J. Senebier, membre de diverses académies, corresp. de l'Inst. Nat., 1 vol. in-16, papier fin, 2 fr. 50 c.

Cet ouvrage a déjà eu trois éditions, que le Public a favorablement accueillies ; l'auteur a profité, pour la 4.ᵉ édition qui vient de paroître, des travaux des physiciens et de ses propres expériences et observations pendant plusieurs années ; de manière que ce petit traité de Météorologie pratique doit être regardé comme un ouvrage nouveau : il renferme, dans un volume de peu d'étendue, un grand nombre de choses curieuses et utiles qui ne peuvent qu'intéresser toutes les classes de lecteurs.

L'Auteur traite d'abord des instrumens météorologiques, et détermine la confiance qu'on doit leur accorder ; il prouve qu'on ne peut rien conclure de l'observation d'un seul instrument ; que le baromètre, en particulier, ne trompe si souvent que parce que l'on tire de fausses conséquences de ses variations. L'Auteur fait voir que la réunion des indices de plusieurs instrumens de différens genres peut seule annoncer, avec quelque probabilité, les changemens dans l'atmosphère. Il enseigne ensuite la manière de mesurer les hauteurs par le baromètre, et il donne des tables calculées par M.ʳ le professeur Pictet, très-commodes pour trouver les hauteurs promptement, lorsqu'on n'a pas besoin d'une grande exactitude.

Les articles suivans contiennent les principes généraux pour pronostiquer le tems sans instrument, et ce que nous apprennent à cet égard 1.º les nuages, les brouillards, la pluie, la rosée, la grèle ; 2.º les apparences du soleil, de la lune et des étoiles ; 3.º les vents ; 4.º quelques corps du règne végétal ; 5.º quelques phénomènes particuliers fournis par l'air et le feu en diverses circonstances ; 6.º quelques phénomènes observés dans certains lieux et dans certains tems.

L'Auteur a rassemblé, dans cette partie de son ouvrage, un grand nombre d'observations et de connoissances importantes, nécessaires surtout aux agriculteurs, et très-utiles à ceux qui sont appelés par leurs affaires ou par leurs plaisirs à faire des courses sur l'eau ou dans la campagne.

Cet ouvrage est terminé par des considérations sur les moyens de perfectionner la météorologie, et par des recherches sur la nature et les causes des phénomènes météorologiques que l'Auteur divise en ignés, aqueux et aériens. Les physiciens trouveront ici des vues ingénieuses et des conseils très-sages sur l'art d'interroger la nature avec fruit, et sur les moyens d'éviter les erreurs et de parvenir à des théories exactes. On peut regarder ce petit traité comme un complément très-bien fait de l'*Essai sur l'Art d'observer*, du même auteur. [Ce dernier ouvrage se vend chez le même Libraire.]

Éloge historique de M. Jean Senebier, Pasteur et Bibliothécaire de la République de Genève ; membre associé de l'Institut de France : lu à la Société de Genève, le 19 décembre 1809, par M. Maunoir aîné, docteur et professeur en chirurgie à Genève, membre de diverses sociétés savantes, in-8, 1 fr. 50 c.

Essai sur le principe de population, ou Exposé des effets passés et présens de l'action de ce principe sur le bonheur de l'espèce humaine dans les tems anciens et modernes, suivi de l'examen des moyens propres à adoucir les maux dont ce même principe est la cause, et du tableau des espérances que l'on peut concevoir à ce sujet, par T. R. Malthus, maître ès arts, associé du collége de Jésus, à Cambridge, professeur d'histoire et d'économie politique au collége des Indes orientales dans le comté d'Hertford; traduit de l'anglois, par P. Prevost, pr. de phys. à Genève, C. de l'I. N., des Soc. R. de Londres et d'Edimbourg, etc., 3 vol. in-8,   12 fr.

Cet ouvrage a eu en Angleterre un succès mérité. La 4.e édition, sur laquelle est faite cette traduction, a été principalement destinée à éclairer les discussions parlementaires, relatives aux lois sur les pauvres. Il est bien difficile de traiter avec plus de sagesse et de profondeur, un sujet plus important. L'auteur avoit à combattre quelques préjugés, et à mettre en évidence des principes que leur simplicité même sembloit avoir fait méconnoître. Il a usé, pour y parvenir, d'une méthode sûre et éprouvée. Il a recueilli beaucoup de faits, les a discutés avec soin, et en a tiré quelques conséquences, dignes de toute l'attention des philosophes et des hommes d'état.

Des deux parties de l'économie politique, dont l'une a pour objet la richesse et l'autre la population, la première a été analysée et rapportée à ses principes assez long-tems avant la seconde. Ce qu'ont dit sur la théorie de la population les auteurs les plus estimés est incomplet ou hasardé. Ce sujet difficile avoit souvent appelé l'attention, et ne l'avoit point encore fixée. Il en étoit résulté des principes flottans, des opinions erronées, qui avoient eu sur les lois et les mesures d'administration la plus fâcheuse influence.

Sans doute Mr. Malthus n'a pu porter d'un seul coup au point de perfection l'ouvrage qu'il a entrepris. Mais il a du moins beaucoup avancé ce travail; et il a réussi à former un corps de doctrine qui doit servir de base aux travaux subséquens.

Le traducteur de cet Essai sur le principe de population en a déjà publié des extraits fort étendus, dans deux journaux justement estimés. Mais il sent combien ces fragmens épars sont insuffisans pour établir des vérités qui ont besoin d'être pleinement déduites, et qui ne peuvent opérer la conviction que par la réunion des faits et des raisonnemens sur lesquels elles se fondent. Il a eu la satisfaction d'entrer en correspondance avec l'auteur, et de s'assurer par-là qu'il avoit bien saisi ses principes. C'est son ardent désir de contribuer à les répandre; d'engager les hommes éclairés et bienveillans à les soumettre à un examen réfléchi; d'exciter, en les publiant, de nouvelles recherches; d'accélérer enfin les progrès d'une science, qui influe si immédiatement sur le bonheur de la société, et a pour dernière fin de diminuer les souffrances du pauvre.

Élémens d'Analyse géométrique et d'Analyse Algébrique, appliqués à la recherche des Lieux géométriques, par Simon Lhuilier, Professeur de Mathématiques à l'Académie de Genève, Membre de plusieurs Corps littéraires, 1 vol. in-4, fig.   15 fr.

> Cet ouvrage renferme : 1.° comme introduction une dissertation où la théorie du centre des moyennes distances est présentée avec beaucoup d'élégance et de clarté ; 2.° les Lieux à la ligne droite et à la circonférence du cercle traités suivant la méthode géométrique et par l'algèbre ; 3.° les Lieux au plan et à la surface sphérique traités suivant les deux méthodes ; 4.° une application des Lieux géométriques à la solution des problèmes élémentaires déterminés.
>
> Cet ouvrage est recommandable par l'ordre dans lequel les matières y sont disposées, par le choix des problèmes , par la clarté, la simplicité, l'élégance des solutions et des démonstrations ; qualités qui distinguent tous les travaux du savant auteur. Le livre que nous annonçons est indispensable aux jeunes gens qui veulent faire des progrès dans l'étude des mathématiques ; et il sera reçu avec reconnoissance, et lu avec fruit par les vrais amis de la géométrie, qui attendront avec impatience un ouvrage semblable sur les Lieux solides, que l'auteur se propose de publier.

Tableau historique de l'Institut pour les pauvres de Hambourg, rédigé d'après des rapports donnés par M. le baron de Vogth, traduit de l'Allemand, in-8,   1 fr. 50 c.

> Occupé pendant trente années de sa vie à rechercher les véritables besoins des pauvres, et les moyens de les soulager, l'auteur des divers rapports qui composent cette brochure y a répandu une foule d'idées utiles et de vues bienfaisantes, qui peuvent trouver leur application dans tous les pays. On a rendu un service à l'humanité souffrante en faisant connoître aux lecteurs françois les résultats d'une longue expérience sur un objet aussi important ; et sans doute les amis des malheureux liront avec le plus vif intérêt un ouvrage qui démontre par des faits, qu'en dirigeant leurs efforts réunis, ils pourront non-seulement adoucir mais extirper entièrement la misère.

Histoire de Gustave III, Roi de Suède, traduite de l'Allemand, d'Ernest-Louis Posselt, sur l'édition originale, par J. L. Manget, 1 vol. in-8, de 450 pages,   4 f. 50 c.

Rapport à Son. Ex. le Landamman et à Diète des 19 *Cantons de la Suisse*, sur les établissemens de M. Fellenberg, à Hofwyl, par MM. *Heer*, Landamman de Glaris, *Crud de Genthod*, du Canton de Vaud ; *Meyer*, curé à Wangen, canton de Lucerne ; *Tobler* de l'Au, du canton de Zurich ; *Hunkler*, Juge au Tribunal d'appel du canton de Lucerne, 1 vol. in-8, 1808, fig., 2 fr.

Du Calorique rayonnant, par P. Prevost, Prof. de Phys. à l'Ac. de Genève, de la Soc. des A. et de la Soc. de Phys. et d'H. N. de la m. v.; de l'Acad. de Berlin, et de la Soc. des C. de la N. de la m. v.; de la Soc. R. de Londres et de la Soc. Roy. d'Edimbourg; Corr. de l'Inst. Nat., et de la Soc. des Sc. et A. de Montauban, etc. in-8., fig. 6 fr.

L'objet de cet écrit est d'exposer la théorie du calorique rayonnant; et d'en faire l'application à quelques phénomènes. Cette théorie, telle que l'auteur l'a conçue et proposée il y a plus de dix-huit ans, a obtenu l'approbation de plusieurs bons juges. Mr. l'abbé Haüy l'a adoptée dans la seconde édition de son Traité élémentaire de physique. Et depuis qu'elle a été publiée, elle a semblé jeter du jour sur une classe de faits aussi nombreux qu'intéressans. Il est donc tems peut-être de la discuter et de la développer, autant que le permet l'état actuel de nos connoissances.

L'auteur sent à cet égard son insuffisance, et invoque le secours des hommes à qui la science a dû ses plus grands progrès. Il n'envisage son travail que comme un premier effort, destiné à préparer la voie, qui lui paroît conduire à une mine riche et de facile exploitation.

Indépendamment de ces développemens de théorie, les physiciens trouveront rassemblées dans cet écrit des observations dignes de leur attention; entr'autres celles de Mr. Leslie. La partie de l'ouvrage de ce physicien sur la chaleur, qui est à la fois purement expérimentale et exclusivement relative au rayonnement, est traduite ici en entier. Elle n'est encore connue en France que par de simples extraits, qui, bien qu'excellens, ne suffisent pas entièrement peut-être à ceux qui veulent répéter les expériences, ou en suivre tous les détails.

Quant aux faits connus qui se trouvent ici reproduits; s'ils sont liés entr'eux par une théorie claire, ils offriront peut-être un nouveau sujet de réflexion.

Vues relatives à l'Agriculture de la Suisse et aux moyens de la perfectionner, par Emanuel Fellenberg, trad. de l'allemand, et enrichi de notes par M. Ch. Pictet, in-8, 1808,   1 f. 80 c.

Les établissemens d'Hofwyl près de Berne, sur lesquels la *Bibliot. Brit.* a donné quelques détails, présentent l'ensemble le plus intéressant pour l'économie rurale, et l'exemple le plus instructif aux cultivateurs. Les principaux objets qu'ils peuvent désirer de connoître se trouvent réunis dans le mémoire que publie aujourd'hui M. Fellenberg lui-même. Les lecteurs y trouveront les vues les plus importantes sur l'agriculture de la Suisse, et d'excellens exemples à suivre, pour assurer le succès de l'exploitation de leurs domaines.

La Théologie naturelle, ou preuves de l'existence et des attributs de la divinité, tirées des apparences de la nature. Traduction libre de l'anglois, d'après William Paley, par Ch. Pictet, vol. in-8,   4 f. 50 c.

Élémens de la Philosophie de l'esprit humain, par M. Dugald Stewart, professeur de philosophie morale à l'Université d'Edimbourg, de la Soc. Roy. d'Edimbourg, de diverses Soc. savantes, traduit de l'anglois, par Pierre Prevost, professeur de Philosophie à Genève, des Sociétés Royales de Londres et d'Edimbourg, 2 vol. in-8,   9 f.

M. Dugald Stewart publia ses Élémens de la Philosophie de l'esprit humain en 1792. Et en 1802 il en a donné une nouvelle édition. C'est sur celle-ci qu'est faite la traduction que nous annonçons. L'avantage dont jouit le traducteur, d'avoir avec l'auteur des relations suivies de correspondance et d'amitié, peut faire présumer qu'il aura en général saisi sa pensée, et qu'il ne présentera pas ses opinions sous un faux jour. Le sujet doit d'ailleurs lui être familier par la nature de ses occupations habituelles. Voilà ce qui doit inspirer quelque confiance en son travail.

Il seroit superflu de parler du fond de l'ouvrage, et d'insister sur le mérite reconnu de cette production vraiment philosophique. Elle sort du sein d'une école que les noms de *Hutcheson*, d'*Adam Smith*, de *Fergusson* ont illustrée. Et la réputation de Mr. Dugald Stewart n'est pas établie sur des fondemens moins solides. Ces Élémens de philosophie, devenus classiques en Angleterre, seront accueillis sans doute en France par les juges éclairés. Ils verront avec intérêt un grand et heureux effort fait pour apprendre à l'homme à se connoître et à diriger ses facultés vers le but que lui prescrit sa nature. Ils approuveront des principes sages et modérés, également éloignés de la superstition et de l'impiété, de la licence et de la servitude. Et le public qui dans ces matières n'attend pas de découvertes, sentira peut-être, en lisant cet écrit profond et judicieux, que la philosophie de l'esprit humain offre des points de vue nouveaux; qu'elle peut avoir sur la conduite la plus heureuse influence; et qu'il seroit fort utile qu'elle devînt un objet d'étude.

Bible (Nouvelle traduction de la Sainte), comprenant les livres de l'ancien et du nouveau Testament, faite, quant aux premiers, sur le texte hébreux, par les Pasteurs et Professeurs de l'Église de Genève, 2 vol. in-folio,   36 f.

Il en a été tiré un petit nombre sur papier vélin.

La même, 1 vol. in-fol., p. p.,   24 fr.

La même, 3 vol. in-8,   12 fr.

Cette traduction, entreprise par les pasteurs et professeurs de l'Église de Genève il y a quatre-vingts ans, non-seulement a l'avantage d'être écrite avec pureté et élégance, mais encore elle éclaircit et rectifie en nombre d'endroits le sens des Livres Sacrés qui étoit resté obscur, ou qui avoit été mal interprété par les précédens traducteurs; aussi peut-elle fournir à plusieurs difficultés des solutions satisfaisantes.

Lettres et Pensées du Prince de Ligne, publiées par Mad. la Baronne de Staël de Holstein, et précédées d'une préface de l'Editeur, 4.ᵉ ÉDITION, *revue et augmentée*, 1 vol. in-8, 4 fr.

Annoncer la 4.ᵉ édition de cet ouvrage, c'est montrer l'accueil favorable qu'il a reçu du public, et prouver en même tems son mérite.

Le Prince de Ligne a été reconnu par tous les François pour un des plus aimables hommes de France. Il a publié ce que les circonstances de sa vie lui ont inspiré : il y a peut-être autant d'esprit que d'originalité dans tout ce qui vient de lui. Parmi ses divers genres de productions, l'éditeur de l'ouvrage que nous annonçons a cru devoir donner la préférence à la correspondance et aux Pensées du Prince de Ligne. On peut y suivre ce dernier dans sa vie active ; on peut y apercevoir l'infatigable jeunesse de son esprit, l'indépendance de son ame, et la gaîté chevaleresque qui lui étoit surtout inspirée par les circonstances périlleuses dans lesquelles il s'est trouvé pendant le cours de sa vie.

Exposé de la méthode élémentaire de H. Pestalozzi ; suivi d'une notice sur les travaux de cet homme célèbre, son Institut et ses principaux Collaborateurs ; par Dan. Alex Chavannes, 1 vol. in-8, fig., 3 fr.

Cet écrit a paru pour la première fois en 1805, et les journaux de ce tems-là le présentèrent comme le premier ouvrage françois qui avoit donné une idée de l'ensemble de la méthode d'enseignement de Pestalozzi. Depuis sa publication, Pestalozzi a beaucoup travaillé au développement et à l'application de ses principes élémentaires ; mais le moment n'est pas encore venu où l'on pourra donner au public, d'une manière complète, le résultat de ses divers essais et des nouveaux succès qu'il a obtenus. En attendant, nous croyons rendre service aux hommes éclairés et impartiaux qui aiment à juger avec connoissance de cause, en leur offrant une seconde édition d'un ouvrage dans lequel ils trouveront la seule analyse un peu exacte, qui a paru jusqu'à présent en françois, d'un système d'enseignement qui, depuis long-tems, fixe l'attention de l'Allemagne d'une manière tous les jours plus forte. Depuis 1805 il est arrivé quelques changemens dans le matériel de l'Institut et le personnel des maîtres qui y sont attachés. Il se trouve actuellement concentré à Yverdun, jolie petite ville du Canton de Vaud, en Suisse, qui réunit tous les avantages que peut désirer un établissement de ce genre.

Itinéraire de Genève, des Glaciers de Chamouni, du Valais et du canton de Vaud, par Marc-Théodore *Bourrit*, Pensionnaire de Sa Majesté I. et R., chantre de la cathédrale de Genève, et membre de l'institut de Boulogne-sur-Mer, 1 vol. in-12, 2 f. 50 c.

Cours de Thèmes, rédigé d'après le Rudiment de Lhomont, avec quelques augmentations et explications, à l'usage des écoles publiques et particulières, par P. Dantal, 2 vol. in-12, 4 fr. 50 c.

Adèle de Senange, ou Lettres de lord Sidenham, par Madame Flahaut, 2 vol. in-12, 1798,   3 fr.

Agenda du Voyageur géologue, par le professeur Desaussure, in-8, 1797,   1 fr. 50 c.

Argus, ou Correspondance de famille, trad. de l'anglois, 4 vol. in-12, Genève, 1804,   8 fr.

Caliste, ou Lettres écrites de Lausanne, par Madame de Charrière, 2 vol. in-12,   3 f.

Cours de Morale religieuse, par M. Necker, 3 vol. in-8,   10 fr. 50 c.

De la Disette, par Benjamin Bell, de la Société royale d'Edimbourg, des Soc. d'Agric. d'Écosse et de Bath, etc. traduit par Pierre Prevost, Genève, 1804,   2 fr. 50 c.

De la Vie et des Écrits de P. H. Mallet, auteur de l'Histoire de Danemarc, de celle des Suisses, et de plusieurs autres ouvrages, par M. Simonde, in-8,   1 f.

Delphine, par Mad. de Staël Holstein, 4 vol. in-12, 1802, 10 f.

Dernières vues de politique et de finance, offertes à la Nation françoise, par M. Necker, in-8, 1802,   3 fr. 60 c.

Description des Alpes Grecques et Cottiennes, ou Tableau historique et statistique de la Savoie, sous les rapports de son ancienneté, de son étendue, de sa population, de ses antiquités et de ses productions minéralogiques; suivie d'un précis des événemens militaires et politiques qui ont eu lieu dans cette province depuis sa réunion à la France en 1792, jusqu'à la paix d'Amiens, en 1802, par J. F. Alb. Beaumont, membre honoraire des Sociétés des arts et des sciences de Londres, Genève, etc. 2 vol. in-4 avec atlas grand in-fol. de 24 planches,   60 fr.

Description d'une suite d'expériences qui montrent comment la compression peut modifier l'action de la chaleur, par Sir James Hall, bar.¹, trad. de l'angl. par M. A. Pictet, Corresp. de l'Ins. nat., de la S. R. de Londres, *avec les figures originales, représentant tous les appareils et quelques-uns des principaux résultats*, 1 vol.,   4 fr.

Essai sur la législation contre l'usure, par l'avocat Grenus, in-8,   1 fr. 50 c.

Essai sur l'émulation dans l'ordre social et son application à l'éducation, par le professeur Reymond, in-8, 1802, 3 fr.

Essai sur les montres à répétition, dans lequel on traite toutes les parties qui ont rapport à cet art, en forme de dialogue, à l'usage des horlogers, par Fr. Crespe, de

Genève, approuvé par la Société pour l'avancement des
arts de Genève, vol. in-8, an 12 (1804),   3 fr.

Des prairies artificielles d'été et d'hiver, de la nourriture
des brebis, et de l'amélioration d'une ferme dans les
environs de Genève, par C. L. M. Lullin, membre de la
Société des arts de Genève, et membre du Comité d'Agriculture de cette ville, 1 vol. in-8 de 450 pages,   5 fr.

> L'auteur, avantageusement connu par ses *Observations de plus
> de vingt ans sur les bêtes à laine*, publiées en 1804, donne,
> dans l'ouvrage que nous annonçons, une nouvelle preuve de ses
> connoissances et de son expérience en agriculture. On y verra
> que les moyens d'améliorer une ferme sont : l'établissement des
> prairies artificielles, la restauration des prairies à demeure,
> l'admission des plantes à sarcler dans les assolemens. On trouvera
> dans tous ces objets des renseignemens qui amènent l'agriculteur
> à connoître les méthodes les plus sûres et les meilleures pour
> parvenir à son but. L'ouvrage se termine par des tableaux com-
> paratifs où l'on voit d'un coup-d'œil la différence des produits
> dans l'ancienne et la nouvelle culture.
>
> Dans tous les métiers, les charlatans se caractérisent par la
> promesse d'assurer de grands succès par de petits moyens ;
> l'homme utile et vrai recommande le travail, le dirige, appelle
> des avances de capitaux proportionnés aux besoins, et ne promet
> qu'à ces conditions de grandes récompenses. Tel est l'idée gé-
> nérale que l'on peut se former de cet ouvrage.

Éducation pratique, traduction libre de l'Anglois de Maria
Edgeworth, par Charles Pictet de Genève, nouv. édition,
augmentée, 2 vol. in-8, 1801,   6 fr.

Élémens raisonnés d'Algèbre, publiés à l'usage des Étudians
en Philosophie, par Simon Lhuillier, Professeur de mathématiques à Genève, et Membre de plusieurs Sociétés
savantes, 2 vol. in-8, an 12 (1804),   12 fr.

Essais de Philosophie, ou étude de l'esprit humain. I.er Essai :
Analyse des facultés de l'esprit humain. II.e Essai : Logique.
Par Pierre Prevost, Correspondant de l'Institut national,
Professeur de philosophie à l'Académie de Genève ; de
l'Académie de Berlin ; de la Soc. roy. d'Edimbourg, et
de quelques autres Sociétés savantes : suivi de quelques
opuscules de G. L. Le Sage, Correspondant de l'Académie des Sciences et de l'Institut national, etc., 2 vol.
in-8, Genève, an 13 (1805),   7 fr. 50 c.

Essai sur l'Art d'Observer et de faire des expériences, par
M. Senebier, 3 vol. in-8, 1802,   10 fr.

Excerpta ex Tito Livio, ad usum scholarum, in-12, 1 f. 50 c.

Exposition de la foi chrétienne, par G. Mallet, Ministre
du Saint Évangile, 5 vol. in-8,   6 fr.

Félicie et Florestine, par l'auteur des Mémoires d'une
famille émigrée, 3 vol. in-12, an 12,   6 fr.

Faits et Observations sur la race des Mérinos d'Espagne à laine superfine et les croisemens, par Ch. Pictet, in-8, fig.,   1 f. 80 c.

Géralwood, ou le voleur et l'enfant trouvé, roman traduit de l'anglois, 4 vol. in-12, Genève, an 12 (1804), 7 fr. 50 c.

Germaine, nouvelle, par l'auteur des Orphelines de Flowen-Garden, in-12, Genève, an 12 (1804),   1 fr. 50 c.

Grammaire et Art d'écrire, par Condillac, nouv. édit., revue et corrigée. 2 vol. in-12, 1808,   4 f. 50 c.

Grammaire françoise de Lhomont, vol. in-12, 1806,   75 c.

Histoire des Conferves d'eau douce, contenant leurs différens modes de reproduction, et la description de leurs espèces, avec des observations nouvelles sur la multiplication des Tremelles et des Ulves, par le Professeur Vaucher, in-4, 17 pl., 1803,   15 fr.

Histoire des Gaulois, depuis leur origine jusqu'à leur mélange avec les Francs, et jusqu'aux commencemens de la monarchie françoise, par Jean Picot, de Genève, Professeur d'histoire et de statistique dans l'Académie de cette ville, 3 vol. in-8, Genève, an 12 (1804),   12 fr.

Il primo navigatore di Gessner, tradotto dal francese in italiano in versi sciolti, vol. in-12,   1 fr. 50 c.

Instruction Chrétienne, par le Professeur Vernet, de Genève, 4ᵉ édition, faite sur la dernière édition revue et augmentée par l'auteur, précédée d'une notice de sa vie et de ses écrits par un de ses disciples, 5 vol. in-12,   7 f. 50 c.

Instructions pour tracer une méridienne et un cadran solaire, et pour suivre la marche d'une montre, par M. le prof. Pictet, in-8, Genève, 1807,   40 c.

Lettre à M. de Châteaubriand, sur deux chapitres du Génie du christianisme, in-8, Genève, 1806,   1 fr. 20 c.

Lettres à une mère Chrétienne, contenant des instructions propres à affermir ses enfans dans la foi, et des méditations pour le culte domestique, par M.ʳ Moulinié, Pasteur de Genève, in-8,   3 fr. 50 c.

La nouvelle Liturgie à l'usage des Eglises réformées de France, 1 vol. in-4, papier ordinaire,   2 f. 50 c.

La même, sur fort papier,   4 f.

La même, grand in-4, fort papier,   5 f.

Lothaire et Malher, 1 vol. in-12, 1807,   2 f.

Manuel de Médecine-pratique, par Louis Odier, Docteur et Professeur en Médecine, in-8, Genève, 1804 4 fr. 50 c.

Mémoire historique sur la vie et les écrits de Horace-Bénéd. Desaussure, par Senebier, in-8, 1801,   2 fr. 50 c.

Manuscrits de M. Necker, publiés par sa fille, Mad. de
Staël, vol. in-8, 1805,   5 fr.

Cet ouvrage, d'un des plus grands hommes de notre siècle, est
précédé de sa vie, écrite par Mad. de Staël, sa fille. On y recon-
noîtra l'auteur de *Delphine* et de *Corine*, mais se surpassant
lui-même lorsque ses plus chères affections inspirent ses écrits.

Mémoires physiologiques et pratiques sur l'Anévrisme et la
ligature des Artères, par J. P. Maunoir, in-8, fig., 1 fr. 80 c.

Mémoires sur la respiration, par Lazare Spallanzani, traduits
en françois par J. Senebier, membre de diverses Sociétés
savantes, in-8, an 11 (1803),   3 fr. 60 c.

Mémoires sur l'influence de l'Air et de diverses substances
gazeuses dans la germination de différentes graines, par
MM. Huber et Senebier, in-8, 1801,   2 fr. 50 c.

Notice sur la vie et les écrits de George-Louis Le Sage de
Genève, membre de diverses académies, de la Société
royale de Londres, et ci-devant de celle de Montpellier,
correspondant de l'académie royale des sciences de Paris,
et depuis correspondant de l'institut national de France,
rédigée d'après ses notes par P. Prevost, suivie d'un
opuscule de Le Sage sur les *Causes finales*, du *Lucrèce
neutonien*, d'extraits de sa correspondance avec divers
savans et personnes illustres, telles que le duc de la
Rochefoucauld, madame la duchesse d'Enville, madame
Necker, d'Alembert, Bailly, Clairaut, La Condamine,
Stanhope, Euler, Lambert, Ch. Bonnet, Boscowich, et
d'un extrait de la correspondance de Bachet de Méziriac
avec Nathan d'Aubigné, trisaïeul de Le Sage, vol. in-8
de 600 pages, 1805,   6 fr.

Observations sur les Bêtes à laine dans les environs de
Genève, pendant 20 ans, par C. L. M. Lullin, Capitaine,
Membre de la Société des Arts de Genève, et du Comité
d'Agriculture de ladite ville, vol. in-8, 1807, 2 fr. 50 c.

Physiologie végétale, contenant une description anatomique
des organes des plantes, par Senebier, 5 v. in-8, 1800, 21 f.

Polygonométrie, ou de la mesure des figures rectilignes, et
abrégé d'Isopérimétrie élémentaire ou de la dépendance
mutuelle des grandeurs et des limites des figures, par
Simon Lhuilier, 1 vol. in-4, Genève 1789,   6 fr.

Prédication du Christianisme, ou vérités de la religion chrétienne exposées dans une suite de sermons et de prières,
par P. De Joux, Pasteur de l'Eglise de Genève, 4 vol. in-8.
an XII, 1803,   12 fr.

Principes de la langue françoise, avec des remarques et

des observations sur les mots, sur la grammaire; en général, sur toutes les parties du discours, par Jacot, in-8. 75 c.

Principes philosophiques, politiques et moraux, par le
colonel Weiss, ancien baillif de Moudon, et membre
de diverses académies : 7.ᵉ édition, revue, corrigée et
augmentée par l'auteur, 2 vol. in-8, 1806, 7 fr. 50 c.

Tout ce qu'on pourroit dire de cet ouvrage n'ajouteroit rien à son
mérite : annoncer que c'est la 7.ᵉ édition que nous offrons au
public, est tout ce que le libraire éditeur doit se permettre.

Les Promenades champêtres, dialogues à l'usage des jeunes
personnes, trad. de l'ang. de Charlotte Smith, 3 v. in-12,
fig., 5 fr.

Rapport de l'air avec les êtres organisés, ou Traité de l'action
du poumon, et de la peau des animaux sur l'air, comme
aussi de celle des plantes sur ce fluide, tirés des Journaux
d'observations de L. Spallanzani, avec quelques mémoires
de l'éditeur sur ces matières, par J. Senebier, de diverses
Académies, et corresp. de l'inst. nat., 3 vol. in-8, 12 f.

Recherches sur la nature et les effets du crédit du papier
dans la Grande-Bretagne, par H. Tornton, traduit
de l'anglois par Ch. Pictet, vol. in-8, 3 fr.

Recherches sur la nature et les lois de l'imagination, par
M. de Bonstetten, in-8, Genève, 1807, 5 f.

Recueil de Contes, par Madame Isabelle de Montolieu,
auteur de Caroline de Lichtfield, traducteur des Tableaux de Famille, etc., 3 vol. in-12, fig., Genève, an
12 (1804), 6 fr.

Remèdes curatifs et préservatifs pour les maladies du bétail,
vol. in-12, deuxième édition, 1803, 1 fr. 50 c.

Renouvellemens périodiques des continens terrestres, par
L. Bertrand, professeur émérite de l'Académie de Genève,
2.ᵉ éd., corrigée et augmentée, vol. in-8, an XI, 5 fr.

Richesse commerciale (de la), ou principes d'économie
politique appliqués à la législation du commerce, par
J. C. L. Simonde, membre du Conseil de Commerce, Arts
et Agriculture du Léman, etc., 2 vol. in-8, an 12, 9 fr.

Le nouveau Robinson, pour servir à l'instruction et à l'amu-
sement de la jeunesse, traduit de l'allemand de Campe,
nouvelle édition, revue et cor., 2 vol. in-12, fig., 3 f.

Sermons de M.ʳ le Pasteur Juventin, vol. in-8, 1802, 3 fr.

Sermon sur le danger de la lecture des mauvais livres, par
le Pasteur Célerier, in-8, 75 c.

Sir Walter Finch et son fils William, par M.ᵐᵉ Charrière,
auteur des Lettres lausanoises et de plusieurs autres
ouvrages, vol. in-12, 1806, 1 fr. 50 c.

Soirées de l'hermitage, contes trad. de l'anglois, pour la jeunesse, 2 vol. in-12, 3 l.

Nouveaux Tableaux de Famille, ou Vie d'un pauvre Ministre de village allemand et de ses enfans, traduit de l'allemand d'Auguste Lafontaine, par Mad. de Montolieu, 2.e édition, revue et corrigée, 5 vol. in-12, 1804, 9 fr.

Tableau de l'agriculture toscane, par Simonde, vol. in-8, fig., 1801, 3 fr.

Tableau des Etats-Unis de l'Amérique, d'après Morse, par Ch. Pictet, 2 vol in-8, 6 fr.

Traité des Assolemens, ou l'art d'établir les rotations de récoltes par Ch. Pictet in-8, 1801, 3 fr.

Traité des engrais, tiré des différens rapports faits au Département d'Agriculture d'Angleterre, avec des notes, suivi de la traduction du *Mémoire de Kirwan sur les engrais*, et de l'*Exposition des principaux termes chimiques employés dans cet ouvrage*; par M. Maurice, Maire de la ville de Genève, Secrétaire de la Soc. des Arts de la même ville, Associé et Corresp. de diverses Sociétés, 1 vol. in-8 de 500 pages environ, 2.e éd., rev., cor. et augment., 5 fr.

Depuis long-temps les agriculteurs désiroient un ouvrage complet sur les engrais : nous avons la satisfaction de leur en présenter un qui ne laisse rien à désirer, ni aux simples cultivateurs, ni aux agriculteurs instruits : les uns y trouveront les méthodes les plus faciles et les plus sûres de tirer parti d'un grand nombre de substances pour améliorer leurs domaines. Ces méthodes sont le résultat de l'expérience d'une grande masse d'individus, chez un peuple connu par son habileté à retirer les plus belles productions d'un sol assez ingrat, et dans un climat peu favorisé. Les autres applaudiront au but que s'est proposé le rédacteur, celui de faire sentir combien il est important de réunir à la théorie et à la pratique de l'agriculture certaines connoissances et certains procédés chimiques sans lesquels l'art de cultiver la terre n'est guère qu'une routine plus ou moins aveugle. Le Rédacteur, éclairé par une longue expérience, a joint au mérite d'un style simple et clair, celui de n'admettre que les faits les mieux constatés.

Le succès de cet ouvrage, dont la première édition est entièrement épuisée, a bien confirmé le jugement que nous en avions porté en l'annonçant pour la première fois. Les additions et les corrections faites par l'auteur à cette nouvelle édition la rendront encore plus recommandable aux agriculteurs, qui regardent déjà le *Traité des Engrais* comme un livre essentiel dans toute bibliothèque de campagne.

Le Village de Lobenstein, ou le nouvel enfant trouvé, trad. de l'Al. d'Auguste Lafontaine par Mad. de Montolieu, 5 vol. in-12, 1802 9 fr.

Voix (la) de la religion au dix-neuvième siècle, ou Examen des écrits religieux qui paroissent de nos jours, 3 vol. in-12, 4 fr. 50 c.

Voyage dans mes poches, avec cette épigraphe: *Da placidam fesso, lectore amice, manum.* vol. in-12,   1 fr. 20 c.

Voyage sur la scène des six derniers livres de l'Enéide, suivi de quelques observations sur l'état présent du Latium, par M. de Bonstetten, de l'ac. roy. de Copenhague, 1805,   4 f. 50 c.

Le Voyageur sentimental en France sous Robespierre, par Vernes de Genève, auteur du Voyageur sentimental à Yverdun etc., 2 vol in-12, avec fig.,   4 fr.

Sous Presse chez le même.

Principes raisonnés d'Agriculture, traduits de l'Allemand d'A. Thaer, par E. V. B. Crud, 4 vol. in-4.

La réunion de connoissances profondes à la clarté d'idées nécessaire pour les communiquer; celle du goût le plus décidé pour l'Agriculture à une persévérance à toute épreuve, enfin la pratique la plus longue et la plus heureuse, ont acquis à M. Thaer une juste prééminence sur presque tous les agronomes de notre continent. En Allemagne, ses ouvrages, devenus classiques, sont admis assez généralement comme base de la science agricole et de son enseignement, tandis que, par une fatalité assez extraordinaire, ils n'ont point encore été traduits dans notre langue.

Les *Principes raisonnés d'agriculture* sont un cours scientifique et pratique d'Agronomie; ils contiennent l'ensemble des connoissances relatives à cet art, que doivent réunir les personnes éclairées, les personnes qui, appartenant aux classes les plus relevées de la Société, veulent faire de l'Agriculture une occupation intéressante, utile et profitable, et non une sorte d'art mécanique. On y trouve non-seulement la science agricole proprement dite, mais encore toute la partie des sciences accessoires qui s'y rapportent directement. On y trouve classées avec méthode toutes les directions qui peuvent guider dans de grandes entreprises, y prévenir les mécomptes et assurer des bénéfices; tout ce qui peut éclairer le possesseur, le fermier et le simple cultivateur sur leurs plus véritables intérêts.

L'Allemagne offre depuis long-tems de grands exemples agricoles; on y voit un nombre d'établissemens ruraux dont chacun pourroit servir de modèle; et de grands propriétaires, les personnes même les plus favorisées par la fortune s'y empressent d'aller étudier et apprendre l'Agriculture sous les agronomes les plus distingués. L'ouvrage dont nous présentons la traduction a été composé pour servir de base aux cours d'Agriculture théorique et pratique que Thaer donne à Moeglin, au centre même de son économie rurale. C'est à la fois le résultat d'une longue pratique, d'une grande expérience, réunies à ce que la science peut y ajouter pour perfectionner l'art et assurer sa marche.

C'est bien avec défiance de lui-même que le traducteur ose associer quelquefois ses idées à celles de Thaer, en donnant dans des notes les résultats de ses propres essais; mais il a cru que quelques différences dans le climat pourroient rendre ces notes utiles et les faire accueillir des lecteurs.

Les *Principes raisonnés d'Agriculture* paroîtront en quatre livraisons d'un volume chacune, à mesure que l'édition allemande, sortant de la presse, permettra l'émission de l'édition françoise, pour laquelle on souscrit chez J. J. Paschoud, imprimeur-libraire, à Genève, et à Paris, rue des Petits-Augustins, n.º 3.

Le prix des 4 volumes n'a pu, à cause du grand nombre de tableaux et de calculs qui s'y trouvent, être porté pour les souscripteurs au-dessous de 40 francs de Fr., faisant 10 francs par volume, broché, lesquels seront payables en recevant chaque livraison.

Les personnes qui n'auront pas souscrit payeront l'ouvrage entier 48 francs.

IV. Non è folo nella converfione di un fluido in un folido che ha luogo quefto afforbimento di calore, poichè quando l'acqua è rifcaldata di 80 ° R. afforbifce una prodigiofa quantità di calore che ella attrae dai corpi che la circondano, ed è quefto calore che la cangia in un vapor elaftico.

V. Finalmente, febbene il vapore non fembra più caldo dell'acqua bollente qualora fi efamini col termometro, pure una libbra di vapori paffanti per un alambico comunicherà una maggiore quantità di calore al refrigerante di quella che comunicato le avrebbe una eguale quantità di acqua bollente.

Nel vol. 61 delle tranfazioni Angliane (a) il fig. Black prevalendofi di

____

(a) The fuppofed effect of boiling upon water in difpofing it to freeze more readily afcertained by expriments in a letter to fir John Pringle.

V. Scelta d' Opufcoli ec. Milano vol. 24. *in* 12.

9 782014 452655